通过阅读此书，你将在有效交流、透视上司、管理员工、打造高效团队、投资理财、经营感情和婚姻、教育子女等方面如鱼得水，最终实现在事业、爱情、交际上的成功。

九型人格是一种深层次了解人的方法和学问。

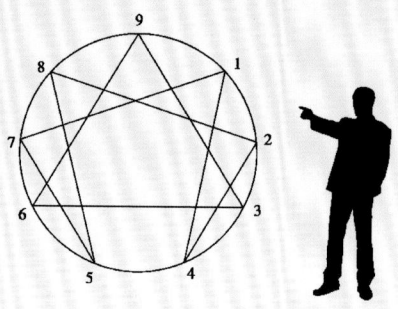

九型人格是一种深层次了解人的方法和学问,它按照人们的思维、情绪和行为,将人分为九种:完美主义者、给予者、实干者、浪漫主义者、观察者、怀疑论者、享乐主义者、领导者和调停者。这九种人格类型按照九角形排列,彼此相近、相似,并在紧张和放松的情境下相互转化。

> 我们经常觉得跟别人打交道很困难,这主要是因为我们摸不清对方的想法、找不准对方的套路。当你熟读了九型人格知识后,就能更好地分析和预测身边各类人的行为,摸清他们的心思,改善彼此的人际关系。

九型人格将人分为九种人格类型,每一种人格类型都建立在不同的感知类型上,每一种人格类型都各有优缺点。人们如果能够清楚地认知自己的人格类型,并做到扬长避短,就能更好地理解和改造自己的个性,减少自己生活的烦恼苦痛,增添生活的快乐。

图书在版编目（CIP）数据

九型人格 / 廖春红编著. — 北京：中国华侨出版社，2018.3
ISBN 978-7-5113-7516-2

Ⅰ.①九… Ⅱ.①廖… Ⅲ.①人格心理学—通俗读物 Ⅳ.①B848-49

中国版本图书馆CIP数据核字(2018)第029264号

九型人格

编　　著：	廖春红
出 版 人：	刘凤珍
责任编辑：	安　可
封面设计：	李艾红
文字编辑：	申艳芝
美术编辑：	郭　静
经　　销：	新华书店
开　　本：	880mm×1230mm　1/32　印张：8.5　字数：232千字
印　　刷：	北京德富泰印务有限公司
版　　次：	2018年5月第1版　2018年8月第2次印刷
书　　号：	ISBN 978-7-5113-7516-2
定　　价：	32.00元

中国华侨出版社　北京市朝阳区静安里26号通成达大厦3层　邮编：100028
法律顾问：陈鹰律师事务所
发 行 部：（010）88893001　　　传　　真：（010）62707370
网　　址：www.oveaschin.com　　E-mail：oveaschin@sina.com

如果发现印装质量问题，影响阅读，请与印刷厂联系调换。

九型人格

廖春红 / 编著

中国华侨出版社
北京

前言

九型人格是远古时代古巴比伦口耳相传的智慧,也是一门实践学问。它通过分析人们行为背后的出发点,即基本欲望和基本恐惧,将所有的人划分为九种类型:完美主义者、给予者、实干者、浪漫主义者、观察者、怀疑论者、享乐主义者、领导者和调停者。这九种人格类型按照九角形排列,彼此相近、相似,并在紧张和放松的情境下相互转化。不同类型的人在不同的状况下会产生不同的行为。九型人格的研究可以帮助我们通过人们表面的喜怒哀乐,进入人心最隐秘之处,发现他人最真实、最根本的需求和渴望。它对人们在自我认知、社会交往,甚至感情生活方面有诸多助益。

九型人格是一种深层次了解人的方法和学问,要求我们走出自己的固有观念,去感受他人的思想。它虽然高深,但也通俗实用。它深入问题的核心,帮助我们了解自己及他人的个性、倾向和偏好,让我们明白行为背后的原始动机及需要,让我们清楚最真实的智能源头。只有了解了自己是哪种类型,才能深刻了解自己的性格,从而扬长避短;只有了解对方是哪种类型,才能事先得知对方在特定情势下的反应和行为。

如今,九型人格理论已经被广泛推广到制造业、服务业、金融业等多个领域,渗透在人际交往的方方面面。1993年,美国斯坦福大学商学院开设了"人格自我认知与领导"课程,把九型人格应用于企业管理的领域。据说,当时上这门课的MBA学生在课堂上欢欣雀跃,他们认为九型人格是一门了不起的学问,为他们的很多困惑提供了解答。自此,有更多的人逐渐意识到了九型人格的妙处,全球大部分国家政府机构和商业机构如美国中央情报局、美国电话电报公司、通用汽车、惠普计算机、可口可乐、尼康、苹果、宝洁等都在广泛研习这一理论,并用它来培训员工,促进他们建立团队、促进沟通、增强执行力等综合能力的提高。人们对九型人格的热情汹涌澎湃,全球管理领域掀起了一股"九型人格热",甚至有人称九型人格是"识人的圣经""人际沟通的钻石法则""企业管理的金钥匙"。此外,九型人格在医学、教育、创业、恋爱等越来越多的方面也得到了应用。

　　九型人格理论是一本识人秘籍,让你能够真正认知自己的性格,接受真实的自我,做到自我调整与转型;轻松辨识对方的性格类型,在纷繁复杂的社会交往中一切了然于心,让一切尽在你的掌握中。

　　九型人格理论是一个处世锦囊,让你通晓人性,了解自己和他人的行为动机及处世原则,改善个人性格和沟通方式,拥有更和谐且更有创造力的人际关系,助你在人际交往方面左右逢源,使你成为最受欢迎的人。

　　本书以浅显易懂的语言,描述了九型人格这种准确、科学、实用、系统的识人、读人之术,详细分析了九型人格的基本原理,深入研究了九型人格运用的心理基础,详细解析了各类型人格的性格特征、发展层级、互动关系。通过阅读此书,你将在有效交流、透视上司、管理员工、打造高效团队、投资理财、经营感情和婚姻、教育子女等方面如鱼得水,最终实现在事业、爱情、交际上的成功。

目录

第一篇·走进九型人格的神秘地带

PART 01　寻根问源：九型人格的渊源
解读神秘的九星图 /2
为九型人格疯狂的大师们 /5
九型人格的影响不断扩大 /7

PART 02　确定自己的人格类型
静下心来，做完九型人格测试题 /9
看准了，你是哪一类人格 /15
九型人格的再分类 /21

第二篇·1号完美型：没有最好，只有更好

PART 01　1号完美型面面观
1号性格的特征 /25
1号性格的基本分支 /26
1号性格的闪光点 /27

1号性格的局限点 /29
　　1号发出的 4 种信号 /30

PART 02　　我是哪个层次的1号
　　第一层级：睿智的现实主义者 /33
　　第二层级：理性的人 /34
　　第三层级：讲求原则的导师 /34
　　第四层级：理想主义的改革者 /35
　　第五层级：讲求秩序的人 /36
　　第六层级：好评判的完美主义者 /37
　　第七层级：褊狭的愤世嫉俗者 /37
　　第八层级：强迫性的伪君子 /38
　　第九层级：残酷的报复者 /39

PART 03　　与1号有效地交流
　　1号的沟通模式：应该与不应该 /40
　　观察 1 号的谈话方式 /41
　　1 号是讲目标、原则的人 /43
　　和 1 号交谈，要重理性分析 /44
　　批评 1 号前，先批评自己 /45
　　别揪住细节不放 /46

第三篇・2号给予型：施比受更有福

　　PART 01　　2号给予型面面观
　　　　2号性格的特征 /49

2号性格的基本分支 /50

2号性格的闪光点 /52

2号性格的局限点 /54

2号发出的4种信号 /56

PART 02　我是哪个层次的2号

第一层级：利他主义的信徒 /58

第二层级：极富同情心的关怀者 /59

第三层级：乐于助人的人 /59

第四层级：热情洋溢的朋友 /60

第五层级：占有性的"密友" /61

第六层级：自负的"圣人" /62

第七层级：自我欺骗的操控者 /64

第八层级：高压性的支配者 /64

第九层级：心身疾病的受害者 /65

PART 03　与2号有效地交流

2号的沟通模式：总是以他人为中心 /67

观察2号的谈话方式 /69

读懂2号的身体语言 /70

对2号直接说出你的需求 /71

第四篇·3号实干型：只许成功，不许失败

PART 01　3号实干型面面观

3号性格的特征 /73

3号性格的基本分支 /74
3号性格的闪光点 /76
3号性格的局限点 /78
3号发出的4种信号 /80

PART 02　我是哪个层次的3号
第一层级：真诚的人 /82
第二层级：自信的人 /83
第三层级：杰出人物 /84
第四层级：好胜的强者 /85
第五层级：实用主义者 /85
第六层级：自恋的推销者 /86
第七层级：投机分子 /87
第八层级：恶意欺骗的人 /88
第九层级：报复心强烈的变态狂 /89

PART 03　与3号有效地交流
3号的沟通模式：直奔主题 /91
观察3号的谈话方式 /92
读懂3号的身体语言 /93
对3号多建议少批评 /94
给予3号客观的回应 /95

第五篇·4号浪漫型：迷恋缺失的美好

PART 01　4号浪漫型面面观

4号性格的特征 /99
4号性格的基本分支 /100
4号性格的闪光点 /102
4号性格的局限点 /104
4号发出的4种信号 /106

PART 02　我是哪个层次的4号
第一层级：灵感不断的创造者 /108
第二层级：自省的人 /109
第三层级：坦诚的人 /110
第四层级：唯美主义者 /111
第五层级：浪漫的梦想家 /113
第六层级：自我放纵的人 /114
第七层级：脱离现实的抑郁者 /115
第八层级：自责的人 /116
第九层级：自我毁灭的人 /117

PART 03　与4号有效地交流
4号的沟通模式：以我的情绪为主 /119
观察4号的谈话方式 /120
读懂4号的身体语言 /121
理解4号的忧郁 /122

第六篇・5号观察型：自我保护，离群

PART 01　5号观察型面面观
5号性格的特征 /125
5号性格的基本分支 /126

5号性格的闪光点 /128

5号性格的局限点 /130

5号发出的4种信号 /132

PART 02　我是哪个层次的5号

第一层级：有高度创造力的人 /134

第二层级：智慧的观察者 /135

第三层级：专注创新的人 /136

第四层级：勤奋的专家 /137

第五层级：狂热的理论家 /138

第六层级：愤世嫉俗者 /139

第七层级：虚无主义者 /141

第八层级：孤独的人 /142

第九层级：精神分裂症患者 /143

PART 03　与5号有效地交流

5号的沟通模式：冷眼旁观 /145

观察5号的谈话方式 /146

读懂5号的身体语言 /147

第七篇・6号怀疑型：怀疑一切不了解的事

PART 01　6号怀疑型面面观

6号性格的特征 /150

6号性格的基本分支 /151

6号性格的闪光点 /153

6 号性格的局限点 /155

6 号发出的 4 种信号 /157

PART 02 我是哪个层次的 6 号

第一层级：自我肯定的勇者 /159

第二层级：富有魅力的人 /160

第三层级：忠实的伙伴 /160

第四层级：忠诚的人 /161

第五层级：矛盾的悲观主义者 /163

第六层级：独裁的反叛者 /164

第七层级：极度依赖的人 /165

第八层级：被害妄想症患者 /167

第九层级：自残的受虐狂 /168

PART 03 与 6 号有效地交流

6 号的沟通模式：旁敲侧击 /170

观察 6 号的谈话方式 /172

读懂 6 号的身体语言 /172

向 6 号学习"中庸" /173

第八篇・7 号享乐型：天下本无事，庸人自扰之

PART 01 7 号享乐型面面观

7 号享乐型面面观 /177

7 号性格的特征 /179

7 号性格的基本分支 /180

7号性格的闪光点 /182

7号性格的局限点 /183

7号发出的4种信号 /184

PART 02　我是哪个层次的7号

第一层级：感恩的鉴赏家 /186

第二层级：热情洋溢的乐天派 /187

第三层级：多才多艺的全才 /187

第四层级：经验丰富的鉴赏家 /188

第五层级：过度活跃的外倾型 /189

第六层级：过度的享乐主义者 /190

第七层级：冲动型的逃避主义者 /190

第八层级：疯狂的强迫性行为 /191

第九层级：惊慌失措的"歇斯底里" /192

PART 03　与7号有效地交流

7号的沟通模式：闲谈式沟通 /193

观察7号的谈话方式 /194

读懂7号的身体语言 /195

第九篇·8号领导型：王者之风，有容乃大

PART 01　8号领导型面面观

8号性格的特征 /197

8号性格的基本分支 /198

8号性格的闪光点 /199

8号性格的局限点 /201

8号发出的4种信号 /202

PART 02　我是哪个层次的8号

第一层级：宽怀大度的人 /204

第二层级：自信的人 /205

第三层级：建设性的挑战者 /205

第四层级：实干的冒险家 /206

第五层级：执掌实权的掮客 /207

第六层级：强硬的对手 /208

第七层级：亡命之徒 /209

第八层级：万能的自大狂 /210

第九层级：暴力破坏者 /211

PART 03　与8号有效地交流

8号的沟通模式：直截了当进行要求 /212

观察8号的谈话方式 /213

读懂8号的身体语言 /215

宽容8号的无心之失 /216

待8号怒火散尽再说 /217

第十篇·9号调停型：以和为贵，天下太平

PART 01　9号调停型面面观

9号性格的特征 /220

9号性格的基本分支 /221

9号性格的闪光点 /223

9号性格的局限点 /224

9号发出的4种信号 /226

PART 02　我是哪个层次的9号

第一层级：自制力的楷模 /229

第二层级：有感受力的人 /230

第三层级：有力的和平缔造者 /231

第四层级：迁就的角色扮演者 /232

第五层级：置身事外的人 /233

第六层级：隐修的宿命论者 /234

第七层级：拒不承认，逆来顺受 /236

第八层级：抽离的机器人 /237

第九层级：自暴自弃的幽灵 /238

PART 03　与9号有效地交流

9号的沟通模式：追求和谐的交流 /239

观察9号的谈话方式 /240

读懂9号的身体语言 /241

第一篇

走进九型人格的神秘地带

"九型人格"理论是这个星球上最古老的人类发展体系。像所有真正有关个人意识的学说一样,它在每个新的时代都会焕发出新的生命,扩充新的概念。"九型人格"理论具有永恒的价值,它就像种子一样,在人类历史的长河中,适应需要而发芽、开花,帮助人们认识自己,从而为自己赢得更好的发展,创造美好的人生。

PART 01
寻根问源：九型人格的渊源

解读神秘的九星图

"九型人格"的英文，来自两个希腊词汇 ennea 和 grammos。ennea 是数字 9 的意思，grammos 则是尖角的意思，两个词结合在一起组合的 enneagram 就是指 9 个尖角的意思，而"九型人格"的图表正好是一颗九角星，这个九角星的模式，能够揭示物质世界中任何事物的发展过程。

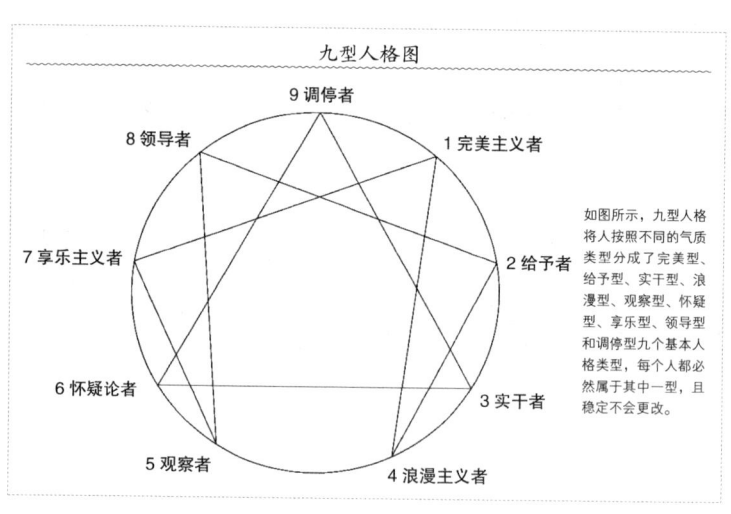

如图所示，九型人格将人按照不同的气质类型分成了完美型、给予型、实干型、浪漫型、观察型、怀疑型、享乐型、领导型和调停型九个基本人格类型，每个人都必然属于其中一型，且稳定不会更改。

那么，如何解读这神秘的九星图呢？人们可以采用"三元法"和"七元法"这两个基本法则，因为九型人格中那颗神秘的九角星恰恰揭示了这两个基本法则的相互关系。"三元法"象征着任何事件在起始阶段所具有的三股力量。"七元法"也叫"八音律"，它象征着世上万物发展所必须经历的不同阶段。这两种法则，在"九型人格"的结构图中被融合到了一起。

上图是一个九角星形状的九柱图，其结构看似复杂实则非常简单：在一个圆的圆周上有9个等分点，分别标以数字1～9，数字9位于圆的最上部正中央，意在体现对称。3、6、9三个数字的位置正好构成了一个等边三角形，这个等边三角形就代表着"三元法"，它表明：事物的发生是三股力量的必然作用，而不是表面上的两种力量——原因和影响。从数学的角度看，九角星图中由3—6—9三个尖角所构成的中心三角形可以被视为最初状态下三股力量的三位一体，其原始总量是1。用算数的方法把这个1，也就是力量统一体，分成相等的3份，得到一个无限循环数，即$1 \div 3 = 0.333333$……

这三股力量的外在象征会随着事物发展的变化而变化，比如，在事物的最初阶段出现的协调力，随着时间的推移，将在事物发展的下一个阶段逐渐转变成主动力。因此，人们需要准确了解事物每个发展阶段中这三股力量的具体象征及相互作用，才能保证事物良好地发展下去。通过九星图，人们就能发现事物发展过程中某些隐性的方面，比如在什么时刻，事物需要注入一股新力量来维系生命力，能够很好地协调这三股力量，维持整体的平衡。

在事物的发展过程中，另一个法则"七元法"也开始发挥作用。"七元法"是从音乐中的八度音阶发展来的，故也称为"八音律"。熟悉音乐的人都知道，音乐中的基本音阶有7个，从Do开始循环，Do，Re，Mi，Fa，So，La，Ti（或Si），Do，这个八度音阶所形成的"八音律"其实也代表了现实世界中事物发展的不同阶段。七元与统一的关系也可以用数学表示，用1除以7，得到一个无限循环的小数0.142857142857……其中每一位数都不是3的倍数。总之，整个"九型人格"图就是一个被分成9个部分的圆形，"三元法"和"七元法"被这个圆形融合在一起，并通过圆形内部的连接线条相互作用。

九型人格大全集第一篇走进九型人格的神秘地带在九星图中，3、6、9构成了一个等边三角形，昭示着三位一体的理念，而其他的6个点则两两相连，构成了一个不规则的六角形，这就形成了一个完整的九角星图。人们再根据早期对性格类型的分析，将9种不同的性格类型分别代入九柱图中的不同数字位置，就形成了一个九型人格图。

九型人格将人按照不同的气质类型分成了完美型、给予型、实干型、浪漫型、观察型、怀疑型、享乐型、领导型和调停型九个人格基本类型，每个人都必然属于其中一型，且稳定不会更改。

在九型人格图中，我们把其中3—6—9号所代表的性格称为核心性格，而位于这三个核心角两侧的邻角，就被称为核心角的两翼，代表的是核心性格内化或外化的变异类型。换句话说，两翼角的性格是由核心角性格发展而来的，其中潜藏着核心角性格的特质，并具有潜在的共同特点，如3号性格的两翼——2号和4号性格就与3号一样具有很强的想象力，6号性格的两翼——5号和7号性格则于6号一样多疑且充满恐惧心理。心理学家根据三种核心性格及其两翼的特征，又进一步将九型人格分成了3个三元组。

1. 情感三元组——遇事时的直接反应是源于情绪、感觉和感情：
核心性格——3号实干型内化——4号浪漫型外化——2号给予型

2. 思维三元组——遇事时的直接反应是源于分析、了解和归纳：
核心性格——6号怀疑型内化——5号观察型外化——7号享乐型

3. 本能三元组——遇事时的直接反应是用即时行动去解决问题：

核心性格——9号调停型内化——1号完美型外化——8号领导型

需要注意的是,在九柱图中,只有3—6—9号角的两翼是其内化或外化的表现,而其他角的两翼则不存在这样的关系,例如8号性格的两翼7号和9号性格,就不是8号内化和外化的表现。不过即便如此,任何角的两翼都是非常重要的,因为它们同样会对中心角的性格产生影响,例如4号性格既可能偏向5号性格,将所有的事闷在心里,也可能偏向3号,以积极亢奋的表现来掩盖内心深处的抑郁。

为九型人格疯狂的大师们

我们知道,"九型人格"是依靠口头传播沿袭下来的,它并没有留下有关自己历史渊源的文字记录。人类在研究它的过程中,也在朝着更高层次的意识不断发展。如今,九型人格之所以能成为风靡学术界和工商界的热门课程,归根结底在于众多九型人格大师们对其进行了详尽而深刻的解读,化繁为简,使其成为人人可用的性格分析工具,人人赞赏的自我提升手册。

下面,我们就来看看,有哪些大师对九型人格的发展做出了杰出的贡献。

奥斯卡·伊察索

伊察诺最重要的功劳在于,他为九角星中的每个角找到了对应的性格类型和情感,在这九种性格类型有了正确的位置后,我们才能够解释清楚不同性格的相互关系。

许多知名的心理学家、精神病学家都曾追随伊察诺学习九型人格学，从此之后，九型人格便被系统化和广泛地传播开去。

克洛迪奥·纳兰霍

克洛迪奥·纳兰霍是一位智利的精神病专家，他不仅喜欢研究药用之物对精神病的治疗作用，还喜欢探索心理学和冥想训练的相关知识。1970年，纳兰霍开始着手研究新的解读性格类型的方式，以帮助心理治疗师更好地理解精神病人的心理障碍。历经多次实践后，他最终选择了"九型人格"的九角星图来解读人的性格类型。他深信，在5世纪的基督教隐修士的"潜在的情绪"和当代心理学研究的各种症状之间，必然存在着十分紧密的练习，因此，他组织了一个由30多位成员组成的研究小组，研究这种紧密练习，以及上述二者之间的共通点。1972年，这个研究工作在取得了重大的成果后圆满结束。

海伦·帕尔默

海伦·帕尔默是克洛迪奥·纳兰霍研究小组的成员之一，在克洛迪奥·纳兰霍的研究小组圆满结束后，海伦·帕尔默创办了一个训练精神治疗师的培训班——九型人格专业培训课程，目的是推广纳兰霍关于九型人格的解读方式。此外，帕尔默通过与美国著名精神病学家戴维·丹尼尔斯合作，进一步扩大了培训班的知名度。此外，帕尔默还以国际九型人格协会创始主任的身份共同主办了1994年第一届在斯坦福大学举办的国际九型人格会议。

帕尔默的贡献在于她将九型人格进一步发扬光大，应用范围广泛，包括个人成长、办公室管理及处理人际关系的窍门，近年来更扩展至夫妻相处、教育子女及亲子关系方面。其著作《九型人格》

及《工作和恋爱中的九型人格》畅销全球，现已有22个国家的译本。

随着人们对九型人格的进一步研究，更多的九型人格大师将涌现，九型人格也将变得更加简单实用，更有效地帮助人们提升自我、发展自我。

九型人格的影响不断扩大

九型人格是一个定位人的本性、定位人的内心如何运作的工具。它能够帮助人们更好地认识自我、认识他人。借助九型人格，我们能够更好地洞察那些强烈的情绪，并且分析它们产生的原因。同时，我们还可以获得很多重要的技巧，应用到生活的方方面面都能取得不错的效果，比如改善夫妻关系、更好地教育子女、更好地与上司沟通等。

由此可见，九型人格的适用范围十分广泛，从哲学到宗教，从儿童教育到职业规划，从夫妻关系到企业管理，几乎每个领域都可以发挥它的作用。而且，"九型人格"理论也确实被应用到多个领域中，包括商业、教育、心理疗法、娱乐、医药、销售和法律。

在商业领域中，由于"九型人格"理论能够帮助人们全面了解他人的行为，越来越多的公司开始采用这一理论进行雇员培训和机构变革，包括沃尔特·迪斯尼公司、美国SGI公司、凯萨医疗研究中心（美国国内规模最大的医疗保健机构）、联邦储备银行、中央情报局以及Rational软件公司。以上这些以及其他的公司和机构可以在许多领域得益于"九型人格"理论的强大力量，比如培养人们的沟通技巧、解决分歧、雇员培训、领导力开发、团队有效合作、战略规划以及企业文化变革等。

在法律领域，无论是进行陪审团的选择、案情的陈述、法庭辩论的展开，还是接受特定客户的委托、进行仲裁、管理律师事务所以及协调律师之间的关系方面，"九型人格"理论都能发挥它的作用。

在销售领域，"九型人格"理论可以加强销售人员对客户的感染力，从而增加互动。

在医疗保健领域，"九型人格"理论的应用则不仅可以改善医患关系，还会使医生之间的工作关系更加融洽。

总之，"九型人格"理论可以完美而精确地描述人类变化多端的人格，其实用性是永恒的。由于人际互动的能力对于个人甚至企业的成功有着至关重要的作用，因此无论是在工作中，还是在生活的其他领域中，人类总在探索并找寻增强自身人际交往能力的方法，"九型人格"理论就可以满足这一需求，也因此使得九型人格的影响不断扩大。

PART 02
确定自己的人格类型

静下心来,做完九型人格测试题

古老的希腊庙宇上镌刻着哲人苏格拉底的名言"认识你自己",关于认识自己可以说是一个古老的命题。中国的老子说"知人者智,自知者明",一个能看透周围的人智慧,一个能了解自己的人"心明"——不糊涂,一般不会做出没有自知之明的事情。

知己知彼才能百战不殆。世界上剖析性格的方法有很多种,九型性格测试来自美国斯坦福大学的科学研究,如今这门科学已经在国际上开始流行,并被作为众多的世界500强企业领导用来安排员工岗位的一个重要参考。

下面我们开始九型人格的测试,借此来了解我们自身与周围的他或她。在做九型人格测试题之前,你需要注意以下几点:

1. 108道题要凭借第一感觉选择,不要过多权衡,因为每种性格的背后都有好有坏。这样忠实地记录,只是为了更好地了解你自己。

2. 在你认为符合你的陈述前面打"√",注意遮住每个陈述后面的数字。

3. 然后把你所选择的每个陈述后面的数字归类,例如你选择中包括"1""12""15"这三项,而它们后面都是9,那么答案就是

3个9。以此类推,你选的哪种数字最多,对照答案便能知道自己是九型人格中的哪一种。

4．数字最多的只是你的主要性格,还要参照其他较多数字所对应的人格类型,并阅读全书,你会获得更详细、准确的信息。

九型人格测试题

1．我很容易迷惑。9

2．我不想成为一个喜欢批评别人的人,但很难做到。1

3．我喜欢研究宇宙的道理、哲理。5

4．我很注意自己是否年轻,因为那是找乐子的本钱。7

5．我喜欢独立自主,一切都靠自己。8

6．当我有困难时,我会试着不让人知道。2

7．被人误解对我而言是一件十分痛苦的事。4

8．施比受会给我更大的满足感。2

9．我常常设想最糟的结果而使自己陷入苦恼中。6

10．我常常试探或考验朋友、伴侣的忠诚。6

11．我看不起那些不像我一样坚强的人,有时我会用种种方式羞辱他们。8

12．身体上的舒适对我非常重要。9

13．我能触碰生活中的悲伤和不幸。4

14．别人不能完成他的分内事,会令我失望和愤怒。1

15．我时常拖延问题,不去解决。9

16．我喜欢戏剧性、多彩多姿的生活。7

17．我认为自己的性格非常的不完善。4

18．我对感官的需求特别强烈,喜欢美食、服装、身体的触觉刺激,并纵情享乐。7

19．当别人请教我一些问题，我会巨细无遗地给他分析得很清楚。5

20．我习惯推销自己，从不觉得难为情。3

21．有时我会放纵和做出僭越的事。7

22．帮助不到别人会让我觉得痛苦。2

23．我不喜欢人家问我关于广泛、笼统的问题。5

24．在某方面我有放纵的倾向（例如食物、药物等）。8

25．我宁愿适应别人，包括我的伴侣，也不会反抗他们。9

26．我最不喜欢的一件事就是虚伪。6

27．我知错能改，但由于执著好强，周围的人还是感觉到压力。8

28．我常觉得很多事情都很好玩，很有趣，人生真是快乐。7

29．我有时很欣赏自己充满权威，有时却又优柔寡断，依赖别人。6

30．我习惯付出多于接受。2

31．面对威胁时，我一边变得焦虑，一边对抗迎面而来的危险。6

32．我通常是等别人来接近我，而不是我去接近他们。5

33．我喜欢当主角，希望得到大家的注意。3

34．别人批评我，我也不会回应和辩解，因为我不想发生任何争执与冲突。9

35．我有时期待别人的指导，有时却忽略别人的忠告径直去做我想做的事。6

36．我经常忘记自己的需要。9

37．在重大危机中，我通常能克服我对自己的质疑和内心的焦虑。6

38．我是一个天生的推销员，说服别人对我来说是一件轻易的事。3

39. 我不会相信一个我一直都无法了解的人。9

40. 我喜欢依惯例行事,不大喜欢改变。8

41. 我很在乎家人,在家中表现得忠诚和包容。9

42. 我被动而优柔寡断。5

43. 我很有包容力,彬彬有礼,但跟人的感情互动不深。5

44. 我沉默寡言,好像不会关心别人似的。8

45. 当沉浸在工作或我擅长的领域时,别人会觉得我冷酷无情。6

46. 我常常保持警觉。6

47. 我不喜欢要对人尽义务的感觉。5

48. 如果不能完美地表现,我宁愿不说。5

49. 我的计划比我实际完成的还要多。7

50. 我野心勃勃,喜欢挑战和登上高峰的经验。8

51. 我倾向于独断专行并自己解决问题。5

52. 我很多时候感到被遗弃。4

53. 我常常表现得十分忧郁的样子,充满痛苦而且内向。4

54. 初见陌生人时,我会表现得很冷漠、高傲。4

55. 我的面部表情严肃而生硬。1

56. 我情绪飘忽不定,常常不知自己下一刻想要做什么。4

57. 我常对自己挑剔,期望不断改善自己的缺点,以成为一个完美的人。1

58. 我感受特别深刻,并怀疑那些总是很快乐的人。4

59. 我做事有效率,也会找捷径,模仿力特强。3

60. 我讲理、重实用。1

61. 我有很强的创造天分和想象力,喜欢将事情重新整合。4

62．我不要求得到很多的注意力。9

63．我喜欢每件事都井然有序，但别人会认为我过分执著。1

64．我渴望拥有完美的心灵伴侣。4

65．我常夸耀自己，对自己的能力十分有信心。3

66．如果周遭的人行为太过分时，我准会让他难堪。8

67．我外向、精力充沛，喜欢不断追求成就，这使我的自我感觉良好。3

68．我是一位忠实的朋友和伙伴。6

69．我知道如何让别人喜欢我。2

70．我很少看到别人的功劳和好处。3

71．我很容易知道别人的功劳和好处。2

72．我嫉妒心强，喜欢跟别人比较。3

73．我对别人做的事总是不放心，批评一番后，自己会动手再做。1

74．别人会说我常戴着面具做人。3

75．有时我会激怒对方，引来莫名其妙的吵架，其实是想试探对方爱不爱我。6

76．我会极力保护我所爱的人。8

77．我常常刻意保持兴奋的情绪。3

78．我只喜欢与有趣的人为友，对一些闷蛋却懒得交往，即使他们看来很有深度。7

79．我常往外跑，四处帮助别人。2

80．有时我会讲求效率而牺牲完美和原则。3

81．我似乎不太懂得幽默，没有弹性。1

82．我待人热情而有耐性。2

83．在人群中我时常感到害羞和不安。5

84．我喜欢效率，讨厌拖泥带水。8

85．帮助别人达至快乐和成功是我重要的成就。2

86．付出时，别人若不欣然接纳，我便会有挫折感。2

87．我的肢体硬邦邦的，不习惯别人热情地付出。1

88．我对大部分的社交集会不太有兴趣，除非那是我熟识的和喜爱的人。5

89．很多时候我会有强烈的寂寞感。2

90．人们很乐意向我表白他们所遭遇的问题。2

91．我不但不会说甜言蜜语，而且别人也会觉得我唠叨不停。1

92．我常担心自由被剥夺，因此不爱作承诺。7

93．我喜欢告诉别人所做的事和所知的一切。3

94．我很容易认同别人所做的事和所知的一切。9

95．我要求光明正大，为此不惜与人发生冲突。8

96．我很有正义感，有时会支持不利的一方。8

97．我因注重小节而效率不高。1

98．我容易感到沮丧和麻木更多于愤怒。9

99．我不喜欢那些侵略性或过度情绪化的人。5

100．我非常情绪化，一天的喜怒哀乐多变。4

101．我不想别人知道我的感受与想法，除非我告诉他们。5

102．我喜欢刺激和紧张的关系，而不是稳定和依赖的关系。1

103．我很少用心去听别人的谈话，只喜欢说俏皮话和笑话。7

104．我是循规蹈矩的人，秩序对我十分有意义。1

105．我很难找到一种我真正感到被爱的关系。4

106．假如我想要结束一段关系，我不是直接告诉对方就是激怒他让他离开我。1

107．我温和平静，不自夸，不爱与人竞争。9

108．我有时善良可爱，有时又粗野暴躁，很难捉摸。9

测试结果：

记录下你所得的数字：

"1"共有（　）个，对应1号完美型

"2"共有（　）个，对应2号给予型

"3"共有（　）个，对应3号实干型

"4"共有（　）个，对应4号浪漫型

"5"共有（　）个，对应5号观察型

"6"共有（　）个，对应6号怀疑型

"7"共有（　）个，对应7号享乐型

"8"共有（　）个，对应8号领导型

"9"共有（　）个，对应9号调停型

看准了，你是哪一类人格

做完了以上的九型人格测试题，人们对于自己的主要人格类型有了结论。下面，我们就来看看九型人格各自都有着怎样的显著特点。

1号：追求完美的完美型

这是一张严肃而认真的脸。在他的脸上表情总是很凝重，他们对待一顿饭的态度就像对待一场外交一样慎重。完美主义者总是希望得到别人的肯定，害怕出现任何差错，他们对待工作和生活的态度永远是精益求精，追求至善至美。

在工作上，他们是制度的拥护者。如果他是一名员工，他是最努力最有责任心的那一个。领导可以放心地把各项任务交给他。他也是一个不折不扣的工作狂，对于消极怠工的人他总是很生气。

如果他是一名领导，他喜欢事无巨细的管理风格，他崇尚"没有规矩就不成方圆"的道理。他处处以身作则，对下属要求极高。一旦当下属的工作出现差错的时候，他会忍不住大发雷霆。完美主义型的管理者容易对下属求全责备，易给周围人造成压力。

在生活上，他喜欢有秩序的状态，讨厌凌乱和脏的房间。他们的衣服永远被熨得很平整，鞋子很干净，房子一尘不染，各种东西都放置在被划分成不同的区域内，他永远知道他要找的东西放在哪里。

除此而外，他还可能是个喜欢穿白色衣服的人，他更可能是个精神洁癖。他们对爱情相当忠诚，但是与此同时他们对伴侣的要求也会很高，一旦对方出现越轨行为，完美主义者眼睛里是容不下沙子的，于是他们会在愤怒之后选择分道扬镳。

对待朋友他们也同样如此，他们选择朋友和择偶一样严谨，对友谊忠诚，期盼对方也能给予相同的重视。

这就是完美主义者的表情。他们的表情并不丰富，这是因为他们冷静自制的个性使然，他们不会咋咋呼呼，他们永远稳重优雅，因为他们不会让自己的内心世界轻易地表露在脸上。

2号：热心的给予型

这是一张讨人喜欢的脸，也是一张温暖人心的脸。他们的表情总是温和而友好，他们随时准备帮助别人。

从小到大他们生活的意义好像永远是为了让别人开心。小时候为了得到父母的奖励他们做乖宝宝，上学的时候为了让老师赞赏，他们成了好学生，再后来为了伴侣的开心他们又总是想尽办法讨好对方。

他们常常忽略自己的真实意愿，总是尽力让别人高兴，不为难任何人，除了他自己。这样的2号是有责任感的，因为他会选择做应该做的事情，而非自己想做的事情。

工作上，他们对同事真诚关心，体贴之情常令人感动。他们绝对是世态炎凉中温暖人心的一群人，同事也因此愿意将内心的真实想法对其倾诉。他们的人缘总是很好，看似吃亏的事情，最后他们总能获得更大的回报，他们是讨人喜欢的专家。

生活上，他们可能是保守而传统的人士。他们孝敬父母，关心子女，对爱人无微不至。他们是贴心的人生伴侣，他们的脸上也总是洋溢着幸福的微笑。无论怎样风雨兼程，2号一定是能够陪伴你走完人生的忠实伴侣。

这就是2号给予者的画像，一幅如同春天般醉人的画面。他们永远温和暖人的笑容就像人间四月天里的骄阳和翠柳，不刺激，有希望还有暖流。

3号：追名逐利的实干型

"天下熙熙皆为利来，天下攘攘皆为利往"，这句话送给实用主义者再合适不过。3号的身上有着难能可贵的务实精神，他们不会将精力浪费在"无用"的地方，他们在做一件事情的时候总是不断分析它有什么利益可图。这不是缺点，而是很实在的优势。

在3号的脸上，我们看不到太多的平易近人与温和，和2号相反，他们可能是很有"表演"人格的一群人。他们会用不同的表情来面对不同的人，有时候难免让人觉得虚伪和做作。

他们对名利的热衷是九种人中最为明显的一群人，他们的脸也因为他们所面对的人而发生戏剧性的变化。

工作中,他们与1号一样是工作狂,不同的是他们的目的。1号认真工作是他发自内心地认为只有诚实劳动才配得起收获的成果,3号则认为这是他们明天成名得利的基础。与此同时,3号的务实精神还让他们形成做事不会盲目的一类人,所以他们的效率总是很高。

生活上,因为他们永远将事业放在第一位,所以忽略伴侣的事情时有发生。他们将感情深藏在自己的内心深处,不轻易表达自己的感情,因此也经常会遇到被伴侣埋怨的情况。赢了世界输了自己的事情在3号的身上较为多见。

4号:想象力丰富的浪漫型

4号是天生的艺术家,他们的表情最多变。高兴的时候他们尽情地开怀大笑,伤心的时候也是号啕大哭而不惧怕别人的眼光。他们生活得最自我也最真实,很少见到他们虚伪和做作。

尽管如此,他们的气质中总有一股忧郁的气息,让人难以捉摸又欲罢不能。

他们的想象力最丰富,也最适合在需要创造的氛围中工作。工作中他们最害怕的是像1号完美主义者那样循规蹈矩,他们害怕束缚,对他们来讲能够充分发挥他们天才的工作才值得努力去做。他们不会勉强自己做自己不喜欢做的事情,他们也总是做自己感兴趣的工作。自由和爱是他们生活中的氧气和水,缺一不可。

生活中的4号可能是长不大的孩童,他们不喜欢现实生活中的种种虚假,因此常生活在自己幻想的世界中。他们能够为了让伴侣开心而把身上仅有的几元钱拿去买一朵玫瑰,在他们看来金钱生不带来死不带走,唯有爱才是最宝贵的财富。

5号:冷静客观的观察型

他们不喜欢与人交往,宁愿孤独地面对整个世界。他们的脸上永远是一副深沉思考的表情,他们花在研究理论与事物的时间要远远超过研究人的行为与心理。

他们是异常冷静的一群人。在工作上,他们的理性让他们很少感情用事。他们和任何人交往都是"君子之交淡如水",他们不会让你走进他们的内心,当然,他们也没有兴趣走进你的内心。他们认为距离是一种安全和尊重。

生活中的5号观察者性格沉稳,不轻易发表自己的言论,因为他们对不确定的事物总抱有审慎的态度。他们希望自己的观点代表着客观和公正。他们的性格内向,永远保留自己的一片小天地,他们也常常觉得无人了解他们,就算是对最亲密的人,他们也这么认为。他们有着孤独的、寂寞的、思想深刻的灵魂。

6号:谨慎严谨的怀疑型

他们的脸上总是研究的表情,因为他们不确定这个事情的真假以及好坏。他们难以相信任何人,他们甚至对自己也不信任。信任危机一直困扰着他们。

工作上,他们怀疑权威者的一切论点,企图找到可以攻击的地方。在接受一项任务的时候,他们首先想到的不是成功而是万一失败了怎么办。他们总能想到最坏的一面,也总是怀疑别人对他们心怀不轨。因此,他们生活得战战兢兢,如履薄冰,如临深渊。

他们过分谨慎的性格常让他们裹足不前,容易丧失机会。和1号不同,完美主义者是因为想要得出最完美的方法而延误时机,他们则是害怕失败而不敢轻易做决定。但是他们超强的责任心也能弥补性格的这一重大缺陷。生活上也好,工作上也罢,他们总是希望能够得到强有力的保护和指引。

7号:及时行乐的享受型

他们的脸上永远洋溢着快乐,烦恼在他们的心里不会驻足太久。

对于他们来说"今朝有酒今朝醉"是非常好的生活哲学,因为生命太短暂,要抓紧时间享受。

工作上,他们可能是那些多才多艺的同事,他们不会带给你压力,因为他们认为赚钱是次要的,懂得生活才是重要的。他们还可能是那些和任何人都能打成一片的人,因为他们很少有世俗的偏见,他不会因为你曾经的失足而嘲笑你,也不会因为你的成就而嫉妒你。

生活上的享受主义者是个开心果,同时也可能是让人伤心的人。他们惧怕承诺,担心因此失去自由,害怕承担责任,这些都是让人头痛的地方。

8号:号令天下的领导型

8号领导者的表情是严肃而有威严的。他们从小可能就是那些调皮捣蛋的孩子王,长大了那种领导众人的魅力也就显现出来了。

他们可能是为了帮助弱小者挺身而出的人,也可能是为了反对某种不合理的制度带头"革命"的人。他们身上的正义感很强,愿意保护社会中的弱势群体。然而他们喜欢命令人的脾气可能会让人吃不消。

感情生活中的8号,也将保护弱者的个性带到伴侣身边。他们认为爱他(她)就是要保护他(她)不受伤害。他们不习惯表露感情,有时候甚至用激怒对方的方式来确认对方对自己的感情。

9号:纵横捭阖的调停型

合纵连横,纵横捭阖,这是9号协调者的强势。他们也许不是最厉害的那个,但是他们能将最厉害的人聚拢在自己周围。

工作中的9号最常见的工作可能是上传下达的秘书,因为他们极其优越的协调性让他们能够胜任这样的工作。他们胸怀博大,很少因为不同政见而和别人争吵。事实上,他们不喜欢任何争执。

生活上的9号可能是个被动的人，他们不愿意主动解决问题，喜欢抱怨。但是温和的脾气让他们的伴侣觉得他们还是不错的爱人。不过固执却是让人头痛的地方，尽管他们自己不觉得。

九型人格的再分类

葛吉夫和伊察索在研究九型人格时都意识到：人的智慧存在着精神智慧、情感智慧和本能智慧三种形式，而这三种智慧分别对应于人身体的3个中心：

★产生精神智慧的是思维的中心——大脑；

★产生情感智慧的是感觉的中心——心脏；

★产生本能智慧的是身体的中心——腹部。

在此基础上，美国一位研究九型人格的著名学者凯伦·韦布因此在自己的著作《九型人格：重现古老的灵魂智慧》一书中将九型人格归为3类：

★脑中心：或者称为思考中心，以思考和理性为导向，产生精神智慧的是思维的中心，包括5号、6号和7号人格。

脑部中心是我们思考的所在，举凡分析、记忆、投射有关他人和事件的观念，以及计划未来的活动等。

如果你是5、7、8号等以头脑为主的人格类型，你具有以思想来回应生活的倾向，你们在看待世界时往往会受到心理能力的影响。这些人格的人们往往有鲜明的想象力，以及分析和联结观念的绝佳能力，他们懂得运用心理能力来尽可能地减少焦虑，控制潜在的麻烦，以及通过分析、想象、预测和计划来获得一种确定的感觉。也就是说，在任何时候,这些类型的人们都能浸淫在自己的思考中而获得全然的满足。思考对这些类型的人而言(通常是无意识的)是处在这个具有潜在威胁的世界中,防范恐惧于未然的方式。

★心中心:或者称为情感中心,以感受和感性为导向,产生情感智慧的是感觉的中心,包括2号、3号和4号人格。

心的中心是我们经验情绪的地方,借由那些无言的感官经验,告诉我们有什么感觉,而非我们对事情的想法。我们从这个中心感觉到和他人的联系,以及一种追求爱和充实的渴望。

如果你是2、3、4号等以心为主的人格类型,在看待世界时往往会受到情商的影响,喜欢透过关系在世界运作,有时候被称为"形象类型",因为他们在乎别人的眼光,以及它和自己的关联。具体来说,这些人格类型的人会使自己的情绪、感受与别人保持一致,从而维持自己与别人之间相互联系的感觉。不论别人有没有意识到,他们都能快速感受别人的需要或心情,并加以回应:一个成功的关系能驱逐这个中心特有的空虚感和渴望。因此可以说,这些类型的人们比其他人格类型的人们更加依赖别人的承认和看法,因为他们需要用来支撑自己的自尊和被爱的感觉,使自己得到持续不断的承认和关注。

★腹中心:或者称为腰中心,以行动为导向,产生本能智慧的是身体的中心,包括8号、9号和1号人格。

腹部中心(有时也称为身体中心)和思考、感觉对照起来,这个中心是我们本能的焦点,也就是存在感。透过这个中心,我们从肉体经验到和人群、环境的关系。这是我们在物质世界中行动所需的能量和力量来源。这个中心的所在位置,即中国和日本所称的丹田,也就是禅修的焦点。

如果你是8、9、1号等以腹部为主的人格类型,常常把焦点放在存在本身,具有以行动"存在"这个世界的倾向,在看待世界时往往会受到身体感觉和内在本能的影响。他们的本能就是行动,即使他们已经思考过整个细节,还是会基于根本的感觉,去谈论正在打基础的决定和行动。他们以"自我遗忘"闻名。因为他们可能觉察不到对自己而言真正的优先事项为何。他们通过行动在这世上补充能量,并缓和愤怒——对1号和第9号的人而言,愤怒只有在少数时候才被直接表达出来。也就是说,这些人格类型的人们会运用自己的地位和力量去过自己想过的生活,而且他们的处世策略可以保证他们在这个世界中的位置,而且还可以将不适应感降到最低。

然而,生活中的许多人常常忽略了我们的本能智慧,也就是腹部中心的活动基本上是毫无察觉的,但我们可以从三个基本方面感受它的影响,这三个方面就是:身体生存(自我保护)、情爱关系和社会生活关系。

九型人格大师海伦·帕尔默曾以一个故事来描绘这三种基本属性的关系:一个放牛娃坐在一个三脚凳上挤牛奶。牛奶代表了收获的知识和生活的营养。三脚凳的一条腿坏了,于是放牛娃在挤牛奶的时候,他关注的并不是牛奶,而是凳子的那条坏腿。这个故事意在告诉人们:我们每个人都拥有三种最基本的关系领域,其中一种关系比其他两种更容易受到伤害。当我们的某一种关系受到损伤时,我们就会在精神上格外关注这个方面,以缓解由此引起的焦虑。

最后,需要注意的是,每个人都有大脑、心脏和腹部,因此人人都能拥有与之相应的三种智慧,并会在实际的生活中自觉或不自觉地应用到以上三个中心,但每个人格类型的人会偏好其中一种,作为他们感觉并回应事件的主要渠道。因此,不要狭隘地看待九型人格的三种智能中心,而将自己陷入了又一个类型的牢笼之中。

第二篇

1号完美型：没有最好，只有更好

1号宣言：世界是不完美的，我要去改善它。

1号完美主义者是很有条理的人，他们办事井然有序，严格遵守各种规则和等级制度。而且，他们的世界观倾向于善恶二元论，在他们的眼里，非黑即白，非好即坏。为了避免自己变成黑的、坏的，他们必须以很高的标准来要求自己，努力改正自己的缺点，也会要求别人和他们一样追求道德、公正和真理。

PART 01
1号完美型面面观

1号性格的特征

1号性格是九型人格中的完美主义者,他们眼中的世界总是有太多的不完美,心目中的自己也有很多缺点,他们希望能够去改善这一切。他们对完美的追求甚至达到了苛刻的地步,哪怕已经取得了99%的成绩,他们能看到的也只是那1%的不足。说他们是鸡蛋里挑骨头一点也不为过,他们的人生信条是:"没有最好,只有更好!"

他们的主要特征如下:

★每件事都力求最佳表现,自我要求很高,喜爱学习和认识新事物。

★遵守道德、法律、制度及程序,很讨厌那些不守规矩的人。

★希望比别人优秀,很爱面子,对他人的批评敏感,因此做决定有时会犹豫不决。

★很少赞扬别人,常批评别人的不好,有点吹毛求疵。

★很难控制愤怒的情绪,但是一旦发泄怒气,内疚感也会同时随之而来,是外冷内热的典型。

★善于安排、计划并且贯彻执行,做事很有效率。

★做事严谨细致,精益求精,但因不放心别人去做而事必躬亲,所以整天忙碌。

★有时为工作而殚精竭虑，有时又放下一切去尽情玩乐。

★睡觉、起床、洗刷、吃饭、锻炼等活动像闹钟般准时和定量。

★外表十分严肃，穿戴十分整洁，表情不多。

★讲话直来直去，谈话主题常为做人做事，常用"应该、不应该；对、错；不、不是的；照规矩、按照制度"等词汇。

1号性格的基本分支

1号性格者因为一味追求完美而把自己的真实愿望给遗忘了，这种严格的自我控制使1号性格者具有了分裂的性格：一方面是个人真实的愿望被隐藏，另一方面是要做正确事情的愿望凸显。两种愿望的冲突将导致情爱关系上的嫉妒心、人际关系上的不适应感以及用忧虑情绪来进行自我保护的手段。

1. 情爱关系：嫉妒

1号性格者理想中的爱情是完美无缺的，自己是对方的唯一，并且常常害怕有一个竞争者比自己更具吸引力，更有智慧或更被喜爱，因此经常监控伴侣的行动，并且对两个人之间的任何事情都斤斤计较，唯恐自己的爱人不能全心全意爱自己。"我对自己的老公管得很严，每天我都会告诉他我不允许他和其他异性有任何亲近的行为，为此我经常翻看检查他的手机，看有没有什么可疑的联系人，我还不定时去抽查他的QQ聊天记录和邮箱，我如果看到他和其他女人走在一起，我就会醋意大发。"

2. 人际关系：不适应

1号性格者的人际现状常和自己心目中的理想情况不一致，他忘记了自己的真实想法，专注于完美的标准，因此他会发现生活中有那么多的不适应，容易感到困惑、挫折，对团体或者自己公然愤怒，他们批判团体不完美，也会批判自己不能更适应某个团体。"我几年前毕业加入了一家房地产公司，这家公司的企业文化和做事风格非常草率和不严谨，而且有很多的潜规则，和我心目中理想的公司相差十万八千里，尽管其他人似乎都无所谓，但我对公司非常失望，甚至是绝望，我想积极地参与到公司的活动中，可是我真的做不到！在这样的公司里生存，我觉得很快就会疯掉，于是我离开了这家公司。"

3. 自我保护：忧虑

1号性格者自我保护的手段是常常担心自己做的事情不完美，担心什么事情做不好会影响自己的形象，尤其担心因为犯了什么错误会让自己今后的发展受影响，这些在他看来是无比恐惧的事情，他们会尽力避免这些事情的出现。"我常常担心自己犯错，我的每一天都是小心翼翼的，似乎我一不小心，就会犯下一个大错，那样我会颜面尽失，我真的就没有任何前途了。我每天都要提醒自己小心谨慎，我生怕发生了什么事，别人会认为我没有能力或者批评我，那样我情愿去死！"

1号性格的闪光点

追求完美的1号性格有很多优点，以下这些闪光点值得关注：

1. 勤奋和高标准

1号性格者习惯于用高标准来要求自己，一旦确定了某个正确的目标，就会通过忘我的工作来让人感到满意，并且要做就做到第一。

2. 严谨细致

1号性格者认为，只有严谨细致，才能少走弯路、稳操胜券，严谨的工作态度会给他们带来巨大的收益。

3. 做事井井有条

1号性格者认为任何无条理或无秩序的事都是不可原谅的，因为工作有条理，所以办事效率极高。

4. 重视道德和原则

1号性格者非常正直，有强烈的道德感；坚守原则，面对大是大非问题不会妥协和让步。

5. 改进问题的专家

1号性格者目光精准，通常能够一眼挑出做事中需要改进的地方，立即指出，立即跟进纠正。

6. 天生的改革家

1号性格者事业心比较强，有创新和改革的勇气，是天生的改革家。

7. 有管理能力

管理过程其实是标准和要求不断提高的过程，作为高标准和高要求的1号性格者由于天性会不断地进行标准和要求的变更设定。

8. 富于建设性

只要其他人能够承认错误或者承认实力不济，1号性格者的挑剔和批评可以被轻而易举地化解，对于被错误困扰愿意改善自己的人，1号有百分之百的耐心和热情。

9. 社会精英的摇篮

1号性格者是九型人格中最有智慧的人,具有精确的判断力和旺盛的生命力,他们总是有更高远的目标在前方,一旦改造或抑制了极端完美主义的性格,则很容易成为社会中的精英人才。

1号性格的局限点

追求完美的1号性格也有一些缺点,以下这些局限点应该警醒:

1. 常陷入自我迷失

1号性格者一味关注和达到完美的外在标准,很少享受人生,没有时间思考自己真正重要的需求,常常陷入自我的迷失。

2. 常破坏平衡与和谐

1号性格者极力要求完美必然会破坏身边的平衡与和谐,影响事业取得成功,而且家庭、人际等方面也会面临困境。

3. 常忧心忡忡

1号性格者总是担心会犯错,且担心其他人的态度,冷静的外表下埋藏的是忧心忡忡的恐惧。

4. 顽固清高

一旦1号性格者认定了一个事实,就会坚持其"唯一正确性",这会限制思想的互动和完善,他们想当然地认为别人的意见不如自己的,也显得过于清高。

5. 嫉妒心强

1号性格者以完美为坐标,在与自己较劲的同时还喜欢和他人一争高下,当看到别人比自己优秀时,会有强烈的嫉妒情绪。

6. 好为人师

1号性格者是个理想主义者,他们常主动纠正别人的错误行为,却不知自己每每留下好为人师的恶名。

7. 好挑剔及缺乏体谅之心

1号性格者对自己对别人都会相当挑剔,甚至对人出言讽刺,另外在发现问题并提出解决方法时,很少考虑别人的处境,缺少体谅之心,常给人际关系带来阴影。

8. 对他人缺乏信任,不善授权

1号性格者关注事情的完美和每一个细节,他们不放心让别人代做一件事情,只能事必躬亲,这种不善授权也使得其影响力不能发挥到最大。

1号发出的4种信号

1号性格者常常以自己独有的特点向周围世界辐射自己的信号,通过这些信号我们可以更好地去了解1号性格者的特点,这些信号有以下4种:

1. 积极的信号

1号性格者不断向周围世界释放着一些积极的信号。他们强调原则性和正确性,守信用并且勇于承担责任,他们不以利益回报为导向,他们坚守原则,他们是规则的守护者。

他们身先士卒,激励和鼓舞他人,向人们展示什么是完美的工作。他们有熟练的技术,更有加倍的努力,他们有坚守独立而不依靠别人的信念。

他们这些完美的道德品质必将影响他人,带动大家追求更高更远的理想,而他们健康、诚实和正确的生活方式也能启迪很多人更好和更幸福地去生活。

2. 消极的信号

1号性格者也不可避免地向周围世界释放一些消极的信号。他们常常批评他人,他认为批评是一种鼓励和关心,在他的眼里似乎没有什么是对的事情,一切都需要去改进。他的强势态度和他的激烈言辞常常会让周围很多人心灵受伤,并直接影响他们的人际关系。

3. 混合的信号

1号性格者发出的信号很多时候是混杂的,会让人难以捉摸。他们过于关注心中的完美标准以至于去压抑内心真正的需求,他们所关注的问题是"应该"和"必须",而不关注自己的真实愿望,这些混杂在一起的信号会让人对其产生误解。

4. 内在的信号

1号性格者自身内部也会发出一些信号。他们会因为对现实不满而不自觉地产生愤怒情绪,但是他们对自己内在的气愤情绪常常不能自觉,他们甚至还习惯于用虚假的感觉去压制和隐藏心中的怒火。

他们的内心对某一个人说的话可能深恶痛绝,但他们可能会劝告自己,"那个人没有那么讨厌,本质也不坏,我要尽快原谅他,我是一个大度的人",他们通常意识不到自己追求完美的欲望使他们无法感觉到自己的怒火,他们只知道自己在做"完美的事情",

于是你可能看到1号性格者内心明明很生气,甚至无法掩饰,却依然装着很大度地告诉那个人:"我对于你说的话一点都不在意,我也不会为此生气的。"

PART 02
我是哪个层次的 1 号

第一层级：睿智的现实主义者

第一层级的 1 号是个有智慧的人，他的智慧使得它能够追求理想，但依然被认为是一个现实主义者，现实与理想的完美对接，是一种高超的智慧。

他们不再苛求自己，他们认为自己没有必要完美无瑕，全然地接受自己，能够拥有一种对自己优点认同、对自己的缺点宽容的心态，不会为自己贴上高尚的标签，而是认识到：自己对自己的认可是智慧的开端，不再强求自己，自己反而发展得更加完善。

他们不再苛求他人，他人也拥有犯错的权利，给他人一个成长的空间，正如给自己一个成长的空间一样，而且他们逐渐认识到人类的智慧并非一个人所完全拥有，而是零零星星分散在人群之中，自己所认为的真理并非绝对真理，对别人观点的认同让自己拥有了更宽广的视野，也有了更高的智慧。

该层级类型是所有人格类型中最聪慧的，他们的聪慧在于其精准的判断力，他们能迅速判断现实的本来状态，也能判断出适应现实的最合适的应对方法，他们是睿智的现实主义者。

第二层级：理性的人

第二层级的1号是个讲求理性的人，在他的世界里，一切都可以客观去看待，这种理性让其可以为现实负责，能够在现实与理想达到比较平衡的状态。

虽然智慧比不上第一层级的1号，但是第二层级的1号依然拥有相当好的现实敏感度，能够分辨出现实的真实情况，也能够分辨出事物的价值大小、事情的轻重缓急。他们可以跳出生活的小圈子，站在高处看现实，他们眼中的世界很清晰，他们的行动很有力。

作为一个理性的人，他们同样具有良好的价值判断能力，他们在道德上具有较高的自我要求，愿意用道德限制自己的言行。他们对于自身的罪恶性保持十分的警惕，有时会为道德的不完美而黯然神伤。他们是愿意戴着道德的镣铐，跳出最优美动人的舞曲。

他们的内心相比比较平衡，因为客观的眼光，因为对道德准则的遵守，另外他们还因为在现实面前也已经做出自己的贡献，对于自己的责任，他们有理性的分析，他们知道自己应该做什么，不应该做什么，他们的行为不仅仅是为了自己，也是为了他人，他们是有责任心的人。

第三层级：讲求原则的导师

处于第三层级的1号讲究原则，并把自己当作原则的遵循者，但是他却不会强迫别人，是言传身教的导师，他们信仰真理，相信真理的原则终究胜利。

他们在生活中常常重视真理、公平和正义,他们期待真理之光的降临。他们讨厌和痛恨生活中的不公正,试图改变现实中的各种不平等。他们坚持的不是冰冷的法则,他们的生活原则是爱和奉献,甚至愿意做真理的殉道者,只为人间多一份美丽。

他们的行动以原则为基础,不会以个人的简单愿望行事,他们客观而有远见,讲究个人纪律,不为现实的利益所动。他们为了原则可以牺牲个人的狭小利益,甚至不惜让自己处于危险的境地,认为对原则的坚守就是对这个世界所能做的最大贡献,原则的问题是个大问题,自己将终生为之奋斗不已。

该层级类型的1号依然是健康和有活力的,他们的行为总是能让世人感受到更多的理想之光,他们是讲求原则的导师。

第四层级:理想主义的改革者

处于第四层级的1号坚持自己的原则,有着坚定的理想并为之而努力。他们要改变这个世界,在各种事情上坚持较高标准,并且用它们来促使周围的世界向更好的方向发展。

他们常常会认为自己是高于他人的,因为自己的原则要高于别人。他们希望周围的人能够和他一样,大家共同为实现这一原则而努力。他们看不惯别人糊涂地过日子,看不惯别人面对事业的那种不严谨、不严肃态度,认为自己有责任教导他们,让他们能够有所改进。

他们虽然不会表现出十分强烈的态度去强迫他人,但也不能保持沉默。他们看到问题总是忍不住要提出来,要让别人知道:他们在偏离原则了。他们觉得在这个世界上自己的提醒是很有必要的。

他们在现实面前也会觉得自己有时候缺少支持，觉得自己的想法和他人必须很好结合。他们想要改革，但是周围的世界似乎并没有意识到改革的必要性，但他们依然要坚持，是坚持理想的改革者。

第五层级：讲求秩序的人

处于第五层级的1号心中有规则，他们拿这些规则去衡量周围的一切事物，他们希望周围的一切都符合自己的规则，觉得这样的世界才是有秩序的，但是他们不自觉的是，有时候他们的规则已经是僵化的规矩。

他们严格控制自己的内心和行为，也试图去控制周围的世界。他们对周围的世界开始充满挑剔，喜欢提前设定一个行事的准则。他们买东西必须要按照清单，做事情必定要按照日程表，和别人约会一定要坚持时间的准确。他们的日程表上几乎都是工作，觉得生命是严肃的，人生不能放松和玩乐。

他们要求一切井井有条，事情的发展也有条不紊。他们常常会强迫自己去做事，即使他们的内心想着去玩乐或降低标准。他们不允许这个世界脱离控制，他们也会痛苦，但是常常忽略内心的挣扎，转而投身到秩序的建设中来。

秩序是美好的，即使是僵化的，那也是自己心中美丽的标准，该层次的1号是有点吹毛求疵，在现实中常常感觉到很多的压力。

第六层级：好评判的完美主义者

该层次的1号事事要求完美，他们充满对周围世界和自己的评判，认为只有完美才能让自己感受到安宁。

他们严格要求自己完美，要求自己做事情做到细节完美，不能出现任何差错，对自己犯错误充满愤怒。他们严格要求别人完美，常常主动告诉别人其做事的不完善，并且给其指出正确的方法。他们似乎总是在对别人敲敲打打，觉得别人懒惰而缺乏责任心，应该加以改正。

他们做事讲求细节，却不自觉地影响进度。他们事必躬亲，不放心让别人去做，对别人的批评常常引起他人反感，并且和他们针锋相对地抗争，别人常常不会觉得他们说的事情有什么不对，只是他们的态度实在难以接受。

总之，在他们的心目中，一切都需要改变，完美的世界应该到来：我在为之受苦，凭什么其他人可以轻松？我要叫醒他们一起承担责任。

第七层级：褊狭的愤世嫉俗者

处于该层级的1号内心的标准已经绝对化，他们认为自己的标准才是唯一正确的标准，不愿意倾听也不愿意承认还有第二条标准。他们认为如果世界没有按照自己的标准，不是自己错了，而是这个世界出了问题。

他们变得愤世嫉俗，此时很少会批判自己，认为自己是绝对正确的。他们认为自己应该获得快乐，必须要把自己的怒火发泄，哪怕自己不完美，只要发现别人更大的不完美，自己就是完美。

他们虽然认为自己很有道理，握有绝对真理，但是常常也会让自己频频受伤。他们试图不去批判，试图用一些东西麻醉自己，可能求助于酗酒，也可能会去吸毒，但他们愤怒的火焰无法熄灭。他们会选择向外界发泄，而他们的发泄常常遭到别人的反对。他们也会受伤，受伤之后他们会更加麻醉自己，这样，他们就会不断陷入发泄、受伤然后麻醉自己的怪圈。

他们无法容忍别人持有和自己不同的观点，认为别人必须要按自己的想法去办才可以，不然这个世界就真的乱套了。他们甚至不惜采取一些极端措施要让对方接受自己的观点和做法，是褊狭的愤世嫉俗者。

第八层级：强迫性的伪君子

处于该层级的1号常陷入自己的妄想而无法自拔，强迫自己的意念，强迫自己的行为，他们强迫自己不采取行动，但又无法压抑内心的冲动。他们的标准自己无法达到，但又要要求他人，这时的他们是典型的伪君子。

他们的内心被自己的原始欲望所充满，思想中充满了扭曲的色情欲望，充满了扭曲的凶杀意念，充满了对生活的享乐欲念，充满了各种各样被压抑的阴暗情绪和欲望。他们被自己的欲望所控制，他们会去做，并且为之后悔，然后他们就不断惩罚自己。他们可以对别人大力宣扬性道德的纯真，但是却无法控制自己内心的渴求。他们会陷入为自己所谴责的性放纵之中，他们强迫自己不去做，却依然去做，他们惩罚自己。

他们被自己内心压抑已久的情绪和欲望所控制,长期忽略自我正常的需要,他们很难再控制住自己的内心,已经是强迫性的伪君子。

第九层级:残酷的报复者

处于该层级的1号内心充满了惩罚的念头,完全丧失了自己的爱人之心,已经成为"行使正义的侠客"。他们行为的出发点不是为了自己的理想,纯粹就是要报复他人的不合作。

他们已经无法自控,看到别人不合作,就会怒火中烧,会千方百计证明自己的正确性,会千方百计证明别人的错误。

他们一旦证明了自己的正确性和高尚性,就会不择手段。他们认为只要自己做的是行使正义的事情,那么手段的道德或不道德,惩罚的力度大小都显得不那么重要了。而且他们常常不仅仅要惩罚那些明确指认的挑战规则的人,他怀疑的对象也要受到惩罚,只因为他不认为这些人是无辜的。

他们曾经害怕惩罚,曾经求助于完美来逃避惩罚,但是到了这个阶段他们却把惩罚当作了手段,成了乱行权威的暴君。他们完全丧失了头脑的清晰,内心残酷,手段毒辣,是残酷的报复者。

PART 03
与1号有效地交流

1号的沟通模式：应该与不应该

1号性格者追求的是心目中的理想和完美，因而在现实中他们常常不遗余力地强调某件事应该不应该做，应该怎么做或者不应该怎么做，这已经成为1号对外沟通的典型模式，这一点是我们应该认识到的。

他们经常会说一些这样的话："虽然我不是领导，但是看到你们不能遵守规则，我也很气愤，请按照规定来做，就这么简单，为什么你们就做不到呢？""开车一定要遵守交通规则，否则不但危险，还会造成交通堵塞，难道你们不知道吗？""你看你随随便便的，这样衣着不整，把自己搞得邋里邋遢的，怎么见人啊，怎么就那么随便呢？""你这个人总是不遵守规则，老是迟到，老是犯错误，而且同样的错误会犯好几次，这么简单的事情都做不好，还能做什么呢？"……

车尔尼雪夫斯基说："既然太阳上也有黑点，人世间的事情就更不可能没有缺陷。"1号性格者在沟通过程中常常过于关注黑点而忽略黑点周围的光芒，这样的沟通模式常常会让周围的人感觉到压力，甚至选择逃避和离开他们。在一次生产会议中，一位1号副董事长提出一个非常尖锐的问题，质问公司内部一位管理生产过程的监督。

他的语调充满攻击的味道,而且明显地就是要指责那位监督的处置不当。为了不愿在他攻击的事上被羞辱,这位监督的回答含混不清,这更使得这位副董事长愤怒,严斥这位监督办事不力,满嘴谎言,完全忽略了这位监督之前优秀的工作成绩。

几个月后,这位监督选择了离开这家公司,为竞争对手的一家公司工作,他在那儿的表现也一如既往的优秀。我们要清楚1号的沟通模式背后的特点,尽管他们常常提出很多的"应该"以及"不应该",但是他们的怒气常常是针对某件具体的事情而言的,并没有完全否定另外一个人的味道,这样在受到1号挑剔的时候,我们就能够很好容忍和理解1号的过度挑剔了。

观察1号的谈话方式

1号注重完美,关注自己心目中的标准和周围事物的差异,他们难以忍受周围的事物不在正常的轨道上边运行。一方面,他们的严谨和认真会让事物的运行朝着更加美好的方向发展,但另一方面,他们却也可能给周围的人带来很大的压力。

下面,我们就对其谈话方式进行一个简单的说明:

★1号性格者的谈话常常是直来直去,不讲情面、不拐弯、一针见血,直接谈及问题核心。

★他们不幽默、不做作,不喜欢噱头,常常是实际问题导向。

★他们话语简洁而有力,言语当中,通常也是指令清晰、干脆利落,没有拖泥带水、模棱两可的词句。

★他们喜欢直接沟通，谈话方式沟通效率很高，这可以消除很多不必要的误会，也不用挖空心思去判断说话者的意思，不需要假设，不需要瞎猜，有疑问也可以直接求证。

★1号谈话主题常常为做人做事，而且常用"对／错、应该／不应该、好／不好、必须／否则、一定要／不可以、肯定是／不可能、按照规矩／制度／规定／标准／规范／流程／原则"等词汇来表明做人做事的原则标准是什么。

总之，这样的谈话方式可以让人感受到1号严肃的人生态度，坚守原则和真理的美德，而且这样态度分明也可以让听话人清楚明白1号的直接意图是什么，但是这种方式如果过多，常常会让人觉得1号太刻板，而且好为人师的唠叨和讨厌也会让人抓狂，透露出来的强势态度也常常会引起一些矛盾和冲突。

九型人格大全集第二篇1号完美型：没有最好，只有更好读懂1号的身体语言

进化论奠基人达尔文说："面部与身体的富于表达力的动作，极有助于发挥语言的力量。"法国作家罗曼·罗兰也曾说过："面部表情是多少世纪以来培养成功的语言，是比嘴里讲得更复杂到千百倍的语言。"

当人们和1号性格者交往时，只要细心观察，就会发现1号性格者具有以下一些身体信号：

★1号性格者是追求完美和卓越的一个群体，1号的身体语言完全追求文明，他们男人是绅士，女人是淑女或贵妇人，他们的身体语言常常也会显出比较高雅和严肃的感觉。

★1号目光专注而坚定，一般先注视对方眼睛，然后打量全身，再回到眼睛上，他们给人一种似乎总是在挑毛病的凌厉感觉。

★生气时会脸色阴沉，沉默不语，给人以压迫和紧张的感觉。

★他们常常是硬挺的姿势，行走坐卧中规中矩，体态端正从不东倒西歪，而且可以长久保持同一姿势不变。

★他们的面部表情变化也比较少，他们时常严肃，他们笑容不多，而且常常只是微笑。

★他们认为手足乱舞、眉飞色舞是无礼和粗鲁的表现，是完美的自己所不应该表现出来的。

★1号性格者不仅对自己的身体姿势等各方面要求比较严格，有时候他们也会不习惯别人丰富多变的身体语言，觉得有失礼教，如果和他们交往的时候手舞足蹈，他们会心里很不舒服，觉得自己面对的是一个素质不是那么高而且态度也过于随意的人。

★着装整洁得体，男性干净利落，女性端庄严整。

通过1号的身体语言我们可以更多了解其追求完美的本性，也提醒我们和他们交往的时候，避免身体语言过于丰富，这样才能更好地和他们进行沟通，我们应该知道他们的原则：绅士的交往者应该是绅士，淑女的同伴也应该是淑女。

1号是讲目标、原则的人

就整体而言，1号是讲目标的人。1号是有着理想主义气质的人，他们的心目中常常有一个接着一个永远不能止步的目标，他们为之而努力，为之而奋斗，为之而殚精竭虑，有着不达目的决不罢休的坚韧意志。"我对自己的人生有着明确的规划，五年以后、十年以后会是什么样，我早已经规划到位，我知道我的将来尽在我的掌控之中，我不允许自己碌碌无为和荒唐度日，我知道人生的目的不能仅仅看到眼前的一步,应该心存一个长远的计划。我的事业也不会仅仅局限于一个小城市,我们公司的产品应该在国际上享有盛誉,作为一个公司的拥有者,我知道我的目标是做一个世界级的大企业,我每想起我的伟大愿景,总是感到心潮澎湃,我知道只要我一步步去走,这个目标一定会实现。"1号是一个有原则的人,1号不仅关注做什么,还关注怎么做,1号的心理世界里常常悬挂着一架道德和真理的天平,不偏不倚,恪守原则,说他们是真理的卫道士一点也不为过。"我的人生世界里有过很多事情发生,但是我可以说我做的每一件事情都是恪守我的良心和准则,尽管我因此而得罪过不少人,也因此而吃过苦,可是我知道,真理站在我的身边,道德的准则和天地良心站在我的身边,我不后悔自己做过的事。如果人生可以重新来过,我希望自己的人生依然如此度过,我认为,原则要高于一切,甚至是生命。"因为1号是讲目标、讲原则的人,所以当和1号进行交流时,一定要注意的是不能拿他们的目标和原则开玩笑,他们会因此和你划清界限,我们应该尊重他们的目标和原则,甚至是赞赏他们在生活中的高标准,这样你也才能更好地和他们进行有效的交流。

和1号交谈,要重理性分析

　　1号重视原则和真理,他们对于事物的看法常常是出于理性而不是感性,他们对于说话的对象欣赏的品质常常是理性。因此和1号进行沟通的时候,一定要重视理性分析,而不要和他们云里雾里地谈你的人生感受,或者逻辑混乱地去谈论某件事情,如果你这样去做的话,常常让他们感到厌烦,你们的沟通也不会愉快。"我看待问题时，常常会以是否合理为角度去进行分析，对于虚假的想象之类的感觉，我觉得很模糊很难以接受，我喜欢别人和我说话时能提供数据，更提供一手的调查资料，而不是不了解情况就开始对我喋喋不休地讲解自己的个人见解，.没有调查，就没有发言权.，这是一条基本的准则，逻辑性也很重要，如果一个人的讲话没有逻辑性，你能够想象他对某个问题有多么深刻的认识吗？我认为一切事情就像科学试验一样，没有数据，没有理性的约束，那么这件事情的成功可能性也就微乎其微了。"1号对人的信任可以分为三个层次：第一个层次是认知信任——它直接基于事实和逻辑思考而形成，而这种强调事实和逻辑的沟通手段正好满足了1号重理性、重分析的个性；第二个层次是情感信任——在和你交往过后，感觉你提供的信息和事实符合他的要求，便可能形成对你在感情上的信赖；第三个层次是行为信任——只有对你提供的信息以及做事说话的行为风格认同后，行为信任才会形成，其表现是长期关系的维持和重复性交往的产生。

所以如果想赢得1号的信任必须注重理性分析，而不能一味强调感性感觉，在此基础上才能获得他的肯定、认同和信赖。

批评1号前，先批评自己

1号常常会坚持自己的固有想法而不愿低头，很多时候，他们宁愿为一个错误的原则去死，也不愿意选择主动放弃自己的原则，你可以说他们是死要面子活受罪，你也可以说他们是虚假自尊的牺牲品，但他们个性常常如此，作为生活中的第一名，怎么能够承认自己比其他任何人差呢？

心理学家汉斯·希尔说："更多的证据显示，我们都害怕受人指责。"因批评而引起的羞愤，常常使雇员、亲人和朋友的情绪大为低落，并且对应该矫正的事实状况一点也没有好处。对于对批评尤其敏感的1号群体，我们更是应该避免对其直接加以指责。

考虑到1号喜欢坚持自我成见的特点，和其沟通时我们一定要懂得主动示弱，即使是1号错了，在批评他们之前，一定要懂得先批评自己，这样1号常常会感觉到自己的面子得到满足，即使嘴上不说，也会向你表示自己也有缺点。有一位安全检查员，检查工地上的工人有没有戴上安全帽是其职责之一。每当发现工人在工作时不戴安全帽，他便用职位上的权威要求工人改正，其结果是：受指正的工人常显得不悦，而且等他一离开，便又常常把帽子拿掉。

后来他决定改变方式。第二回他看见有工人不戴安全帽时，便问是否帽子戴起来不舒服，或是帽子尺寸不合适，并且用愉快的声调提醒工人戴安全帽的重要性，然后要求他们在工作时最好戴上。这样的效果果然比以前好得多，也没有工人显得不高兴了。有位智者说："批评就像家鸽，最后总会飞回家里。"每当我们想指责或纠正他人时，他们总会为自己辩解，甚至反过来攻击我们，批评别人之前先进行自我批评，这是一条普遍的人际沟通法则，对人类普遍有效，不过对于1号来说尤其有效。

别揪住细节不放

1号是靠判断性思维跟外界沟通的，他们关注细节，能迅速地注意到事情的方方面面，并且以极快的速度找出其中的"不对劲"，一旦他们发现瑕疵，一定会给出修改意见。因为他们不能容忍事情的不完美。在人际交往中，1号常给人爱挑毛病的印象。

但是我们在和1号交往时，却不能像他们那样计较，抓住细节不放，而应坚持抓大放小的原则。因为1号的特点是追求完美的理想和原则，他们会常常显得有些唠叨，有些好为人师，有些鸡蛋里挑骨头，有些让人头大和无奈，但是我们应该看到在这些小细节的背后，他们的目的是为了获得更加完美的结果，为了更高的价值准则，我们甚至应该因为有他们的存在而庆幸，并赞赏他们的高标准和高品位。"我是一家外资公司的经理，我下边有一个员工经常给我提很多苛刻的意见，我经常很头大，但是我却不能够指责他什么，因为我无法指出他有什么错误，他列举的是事实，他论证的逻辑无懈可击，他的意见似乎很挑剔，却总是又能让我无话可说。他的意见一个接一个，而且建议一个接一个，有些明显不符合公司目前的现实，我为此一直很苦恼，因为觉得这个员工是个不听话的员工，后来我越发感觉到在这样的一个公司里，有一些这样的员工是很宝贵的，他们总能提出一些高于目前管理和技术水平的建议，让我也更多认识到很多公司内部的提升空间，我开始不再关注他对我的似乎无理和挑剔，我甚至会经常主动去询问他的看法，部门的效益因为这个员工的存在我认为才会发展得比我想象和期待的更好。"欣赏1号的不完美，别抓着小细节不放，这样你才能更多地去认识1号的价值，有1号的存在，你的生活永远会充满一些不自在，你总需要更加努力，但是不自觉地你的各方面在其狂轰滥炸下也会有一个质的提升。运动员要感谢汗水，我们面对1号时也要忘记不爽的小细节，因为有他们，你的进步不知道会有多快，让我们去欣赏他们的苛刻吧。

第三篇

2号给予型：施比受更有福

　　2号宣言：如果我不能帮助别人，我的生活就没有意义。

　　2号给予者心中充满了爱，他们渴望给予爱，也渴望得到爱。他们倾向于把世界看作一个需要帮助的人的综合，而他们又能够十分敏捷地判断出别人的需要，并调动自己的感情去适应他人，即便因此而放弃自己的需要也在所不惜，但他们更希望自己为别人所做的一切都受到感激，使自己获得爱。

PART 01
2号给予型面面观

2号性格的特征

在九型人格中,2号是典型的助人为乐者,他们时刻关注他人的感受及情绪变化,习惯主动采取行动帮助、关爱他人,以满足他人内心需求;也会应他人要求改变自己的言谈举止,以迁就对方。也就是说,在2号的眼里,他人的需求比自己的需求更重要,为了满足他人的需求,他们能够牺牲自己的一切。这种极端的利他主义者其实潜藏着极端的利己主义,2号是想通过帮助他人的方式来掌控他人,以换取他人的认同,因此,一旦2号的帮助被拒绝,他们就会觉得自己不被认同,从而认为自己没有存在价值,总是痛苦万分。

2号的主要特征如下:

★ 外向、热情、友善、快乐、充满活力。

★ 有爱心,有耐心,喜欢结交朋友,并且乐于倾听朋友的心声。

★ 感受能力特别强,敏感而细心,能够在一瞬间看透别人的需要。

★ 对他人关怀备至,懂得赞赏别人,体谅别人。

★ 懂得如何令人喜欢自己,很容易讨人欢心。

★ 争取得到他人的支持,避免被他人反对。

★ 重视人情世故，懂得礼尚往来。

★ 重视人际关系，如果遭遇人际冲突或被批评会感到不安。

★ 爱打听别人私事，常常不自觉地侵犯他人隐私。

★ 对自己能满足他人的需要而感到骄傲，从而认为自己是一个重要的人。

★ 常常为了满足不同人的需求而扮演不同的角色，容易使自己困惑："哪一个才是真正的我？"

★ 常常忽视自己的需求，不清楚自己真正想要的是什么。

★ 朋友很多，人缘很好，但常常忽视家庭生活。

★ 对"成功的男人"或"出色的女人"十分依恋。

★ 渴望获得自由，但到自己被他人的需求所束缚，却又难以摆脱。

★ 看淡权力和金钱。

★ 认为自己很有魅力，很性感。

2号性格的基本分支

2号过于关注他人的需求，而忽视自己的需求，当他们想要关注自己需求的时候，常常产生困惑，看不清自己的需求。这时，他们就想要将自己投放到他人身上的注意力收回来，转移到自己的内心中来。然而，根深蒂固的付出性格阻碍了他们追求自由的行动，于是他们的内心就处于矛盾之中：到底该满足自己的需求还是满足他人的需求？这种矛盾心理往往突出表现在他们的情爱关系、人际关系、自我保护的方式上。

1. 情爱关系：诱惑、进攻

2号希望获得他人的认可，他们首先要吸引他人的注意力，因此他们会以满足他人需求的方式去诱惑他人认同自己。而说到2号的进攻性，这主要表现在他们常常不顾对方愿意与否，主动为他人提供帮助，或是克服种种关系中的困难，努力争取接触机会。

"如果我爱上一个人，我会首先打听他／她心目中理想爱人是什么样子，我会努力将自己变成他／她喜欢的样子，他／她喜欢清纯我就清纯，他／她喜欢性感我就性感……接下来，我会不惜一切代价制造和他／她接触的机会，比如和他／她坐同一趟公交车，住同一个小区，参加同一个聚会……我相信，只要努力，他／她一定会被我感动，接受我的告白。"

2. 人际关系：野心勃勃

2号喜欢与强势人物交往，他们总是为"成功的男人"或"出色的女人"所倾倒，并希望通过帮助这些强势的人物来获得强权的保护，以提升自己的社会地位。

"我是一个销售员，我很喜欢参加商务会议，因为这有利于扩展我的商业人脉，而且我十分擅长接近那些位高权重的商业成功人士，我总能让他们迅速喜欢上我。自然，这些人中的大多数后来都成了我的客户，为我带来不小的收获。"

3. 自我保护：自我优先

尽管2号常常以他人的需求为先，但那是建立在从高而下的施与角度上来看。也就是说，2号在帮助他人时往往是把自己定位在一个比他人高的位置。因此，当2号的需求与他人的需求冲突时，他们就不再有什么"绅士风度"，而是拥有极强的自我优先感。

"每到周末去大型平价超市购物,都让我十分痛苦。超市里的人实在太多了,常常使摆放商品的通道里拥挤不堪,而且嘈杂不堪,难以使人静下心来挑选东西。而且,到了结账的时候,每个收银台前都排起了长长的.人龙.,往往要等上半个小时甚至一个小时多,有时候我真恨不得自己成为电影中的超能力者:手臂一挥,就能把前面的人龙扫开,那我就可以直接结账了。"

2号性格的闪光点

九型人格认为,2号性格的人有着许多的闪光点,下面我们就来具体介绍:

1. 富于爱心和奉献精神

2号性格者往往内心充满了爱,无时无刻不想把自己的爱无条件地奉献给别人,尤其能对社会上的弱势群体给予强烈的同情并支持他们,肯发挥完全奉献精神以及付出劳力。

2. 站在他人立场看问题

2号很容易接受别人,十分敏感周围的气氛,能站在别人的立场去看、去想、去听,具备了和别人一起承受苦痛的能力,对他人付出爱、关心和赞美。

3. 及时洞察他人的需求

2号往往具有较强的识人能力,因而他们拥有直接进入他人内心世界的本领,故很容易感受到别人的需要,几乎不用别人开口,他们便可以感受到对方的心声。

4. 善于倾听他人的心声

2号不仅能拥有极强的识人能力，更重要的是他们懂得倾听别人的心声，因而能更好地理解他人的需求，找到问题的症结所在，使问题更容易解决。

5. 成就他人

2号因为具有极强的识人能力，因此他们的目光非常敏锐，能够洞悉他人至高的潜力并给予支持，并常常集中精力，制定相关目标和策略，帮助他人获得成功，但他们并不以此为炫耀的资本。

6. 十分重感情

2号十分重感情，平时待人和蔼可亲，他们看重人的情感，容易动感情，也容易为感情所动。2号的领导者也善于从感情入手，动之以情、晓之以理，以此取得与下属之间的情感联系和思想沟通，满足下属的心理需求，从而形成和谐融洽的工作环境。

7. 以人为本

2号在与人相处时往往注重"人"的愉悦，推崇以"人"为中心，对他们而言，每一件事情都是人的事情。在他们的眼中，没有所谓的事业，只有人。他们非常重视他人的满意度。

8. 容易赢取人心

2号非常重视人际关系，他们拥有很强的适应能力和社交力，他们能够适应各种各样的环境，能够与各种人打交道，是出色的交际家。他们认为，任何人都是可以征服的，只要找到正确的方式，并加以适当的关注。

9. 擅长营造关爱的氛围

在一个团队中，2号最擅长营造关爱的氛围，他们会运用自己的热情和个人魅力来打造一个特别融洽并充满关爱的企业氛围，有很多关心他人的行为，以此来获得他人的尊敬和认同。

10. 权力的追随者

2号内心深处潜伏着极强的控制欲，因此他们最希望结交权贵人士，而且他们非常善于发现环境中潜在的胜利者，并能够让自己占据恰当的位置，成为领导者在制定策略和行动中的助手。通过维护权威，2号不但确保自己的未来，也获得了他们想要的爱。

11. 幕后的支持者

与其他野心家不同的是，2号追求权力并不谋求个人的经济得失，而是为了满足他们内心想得到别人尊重的需要。也就是说，即使他们拥有领导者的才能，也不愿意当"老大"，而倾向于扮演"老二"的角色，因为这个位置让他们更有安全感。

2号性格的局限点

九型人格认为，2号性格不仅有许多闪光点，也有许多局限点：

1. 容易忽视自己的需求

2号在忙着满足他人需求的同时，常常忙得忘记了自己的需求，因此他们自己的时间和资源总是会严重透支。

2. 期望对方的回应

2号帮助别人时，不一定要求对方有所回报，但一定得有所回应，从精神上认同2号的行为是伟大的。如果对方无视2号的付出，2号会很沮丧；同时他们又会加大这种投入，以期待更多人的回应。

3.迎合他人而失去自我

2号希望每一个人都能喜欢自己,因此他们会根据不同的对象来演绎出不同的自我,结果最后他们自己也弄不清自己的本来面目。

4.惯于恭维和谄媚

要想取得他人的好感,赞美他人是最佳的方式。2号就是一个擅长赞美他人的人,他们无论在任何场合、对任何人都可以把赞美挂在口头的表现却会让人认为他们不诚实、圆滑、过度恭维和谄媚。有些特别对"高帽"敏感的严肃主义者,更会对他们流露不屑的神色。

5.以有无"价值"区分人

2号崇拜有权力的人,认为顺从权力者,能够相应地提高自己。因此,在人际交往时,他们常常会以有无交往价值来看待对方,对于"有价值"的人,他们会施展自己的能力,巧妙地利用,对于无价值的人,则鲜于关注。

6.用爱来控制他人

在许多人眼里,2号心中充满大爱,他们不求物质回报,总是毫无保留地给予别人帮助,他们简直就是生活中的活雷锋。但如果你因此认为2号是完全不图回报的人,那就错了,2号其实是在遵循"先付出后收获"的原则,希冀用爱来束缚你,使你自觉地知恩图报,满足他们的需求。

7.过于注重人际关系

2号擅长人际关系,他们为了和他人保持良好的关系,即使自我牺牲也在所不惜。这种"对人不对事"的生活方式常常使得公平公正的环境被破坏,容易阻碍他人的发展,也对自己的发展十分不利。

8.为他人花去大量时间

2号每天都忙着帮助他人,将自己的大部分时间都花在他人的身上，因此他们花在自己身上的时间很少，他们也就不能去思考自己和自己的事，从而难以真正认识自己，很大程度上阻碍了自身的发展。

9. 忽略家庭生活

2号将太多的时间花在了他人身上，因此也就容易忽视了自己及身边的人，忽略了自己在家庭中应尽的责任，容易激发或恶化家庭内部矛盾，不利于家庭的和睦。

2号发出的4种信号

2号性格者常常以自己独有的特点向周围世界辐射自己的信号，通过这些信号我们可以更好地去了解2号性格者的特点，这些信号有以下四种：

1. 积极的信号

当你和2号相处时，2号会努力让你觉得你是特别的，因此你值得他们花精力、花时间，你的需求会很快得到满足：他们帮你联系你想找的人，帮你达到你想要的目标，帮你争取你希冀的利益。总之，在2号这种全方位的周到呵护下，你感觉自己突然从丑小鸭变成了白雪公主，顿时自觉矜贵了起来，对未来充满了信心。

2. 消极的信号

当你享受着2号给你的服务和帮助时，你渐渐会发现，2号对你有着极强的依赖性。他们一刻也不让你离开他们的视线，每时每刻都在按他们自己的标准为你提供服务，而不管你需要不需要。而且，他们希望你能欢欣鼓舞地接受他们的服务，并给予高度的认同和赞美。也就是说，当你享受2号的服务，就意味着你愿意接受他们对你生活的安排，从此你将失去自己的决定力，渐渐就变成了一个被2号操纵的木偶，丧失了自我。

3. 混合的信号

当你的利益和2号的利益发生冲突，2号往往不会发出明确的反馈信息，而是会发出混合信息。也就是说，2号不会为了利益直接跟你撒谎，但他们会精心设计和你的交流过程，将你渐渐引导至偏离的方向，让你脱离利益中心，渐渐让你处于完全的无知状态。久而久之，你从局内人变成了局外人，丧失了这场利益之争的主动权，也就丧失了胜利。

4. 内在的信号

2号看似做着一个甘于服务众人的谦卑者，实则不然，他们内心无时无刻不为自己骄傲，不过他们总是将这骄傲巧妙地掩藏起来，因此许多人才会觉得：2号多么谦卑啊！而且，许多2号自己也没有意识到自己的骄傲。

那些和2号相处过的人们会告诉我们：2号确实是每天都忙着为我们提供服务，但是他们提供服务的出发点在于他们自己，他们只是按他们的想法来设定我们的需求，并满足这些他们认可的需求，而从来不管我们需要不需要。

究其原因，是2号内心深处的骄傲情绪作祟，如果2号能够更多地关注自己的内心，无论是主观上还是客观上来看，都能有效降低2号内心的骄傲情绪，增添多一点谦卑的情绪。

PART 02
我是哪个层次的 2 号

第一层级：利他主义的信徒

处于第一层级的 2 号是利他主义的忠实信徒，他们总是无私地、源源不断地为他人奉献关爱，他们在这种无私的奉献中完全忽视了自己的需求，因此他们并不要求对方给予回报。

他们有着根深蒂固的利他主义思想，他们并没有注意到自己的善与好，也不会四处张扬自己的作为。他们心中似乎充满了无尽的善意，也高兴看到他人的好运气。他们的态度是：好事就该做，而不用管是谁去做以及最后谁得到好处。非常健康状态下的 2 号对渔翁得利的情形并不会生气，反正好事已经做了，有人受惠了，这就够了。

他们开始关注自己的真实感受，开始真正关爱自己，开始为了满足自己的需求而努力。而且，他们不再将关爱自己的行为看作自私自利，也不担心因此疏远他人；他们还能客观地看待他人的需求，在尊重他人意愿的基础上有选择地给予满足，也懂得适时接受他人的帮助来促进自身的发展。

该层级类型是所有人格类型中最利他的，他们帮助别人不是出于隐秘的一己之私，而是纯粹以别人的利益为导向，因而在其人际关系中，有一种特别的率真，更易赢得人心。

第二层级：极富同情心的关怀者

　　处于第二层级的2号是所有人格类型中最具同情心的，尽管他们不如第一层级的2号那样无私地利他，但他们也能够时刻关心他人的需求，饱含同情心，能够设身处地地为他人着想，并尽量满足他人的需求。

　　他们具有高度的同情心，所以能够站在他人的角度去看、去想、去听，因而会同情人、关怀人。尤其是当听到他人的不幸遭遇时，他们常常具备了和受苦之人一起感受苦楚的能力，会陪着他人一起伤心，并竭尽所能地安慰你，帮助你走出痛苦的心境。

　　他们不如第一层级的2号那样重视自由，而是较为看重他人的需求，容易忽视自我的需求。他们把自己看作是对他人怀有善意的人，因此会尽量表现出自己性格中好的一面，而规避不好的一面。这种扬长避短的意识不仅对2号自身的发展有益，也能更好地帮助别人发展。

第三层级：乐于助人的人

　　处于第三层级的2号在对他人的帮助上比第二层级的2号进了一步，因为此时的2号不仅在精神上慷慨，还能在物质上慷慨。

他们喜欢将自己爱他人的情感表现在行动上，因此他们更愿意给予他人实际性的帮助，当他们发现那些需要帮助、不能照顾自己的人，就会慷慨地给予他们食物、衣服、药品，志愿从事慈善工作，运用自己所有的方法帮助别人。即使不便或困难超出了他们的能力所及，也毫不懈怠。也就是说，从这一层级开始，2号表现出了自我牺牲的倾向。

尽管此时的2号出现了自我牺牲的倾向，但他们仍旧对自己的能力和需要有着清醒的认识。尽管他们乐于以力所能及的方式真诚地帮助别人，但他们也知道自己的精力和情感的限度，他们不会超出这个限度。他们在照顾别人的时候，也在照顾自己；在照看别人健康的时候，也在照看自己的健康；在劝告别人要注意休息和娱乐的时候，他们也要求自己这样做。这样清醒的界限使得2号有足够的精力充分地享受生活。

他们喜欢和他人分享生活中的快乐，愿意和他人分享自己的兴趣爱好，寻求共同的快乐，因此他们常常和他人聚在一起，进行读书、唱歌、跳舞、表演、烹饪等分享活动。此外，他们在帮助别人的行为中体会到了仁爱的快乐，也乐于和别人分享这种快乐。

第四层级：热情洋溢的朋友

健康状态下的2号突出的是2号性格中好的一面，因此他们真的非常善良；而一般状态下的2号开始凸显性格中不好的一面，他们的性格就有向恶的趋势，他们对他人的赞美和付出有开始索取回报的倾向。

处于第四层级的4号开始将聚集在他人身上的注意力转向自己，

以自己为焦点。他们的注意力从做好事转到不断确认他人是爱他们、对他们有感情的，他们开始从自己的角度来看待他人的需求。

他们过于看重人与人之间的亲密关系和接近程度，而忽视了影响人际关系的其他因素，他们希望别人看到自己的付出。他们还喜欢谈论彼此之间的关系，并总是认为彼此之间的关系有多么特殊，认为越特殊、亲密的关系越稳定。

他们是自信的，相信自己的某些有价值的东西可与他人分享，那就是他们自己——他们的爱和关注。他们对自己的善意深信不疑，会为自己所做的一切事给出一个让人满意的解释。然而，他们并不像想象中的那么大公无私。他们的自我已经膨胀，虽然他们很努力不让这些显现出来，尤其是不让自己意识到。

他们喜欢和人身体接触，接吻、触摸及拥抱等都是他们外向的自然表现，也是他们外露的风格。在人际交往中，当他们想要安慰或赞同他人时，他们经常紧握对方的手或搭对方的肩膀，给对方温暖和力量。

第五层级：占有性的"密友"

处于第五层级的2号开始凸显出自己的占有欲，他们喜欢营造一个以自己为中心的大家庭或共同体，这样，他们便成了他人生活中的重要人物。

他们仍旧以爱为人生的最高价值，他们渴望爱每一个人。但他们过于看重爱的力量，偏执地认为他们的爱才能满足每个人的需要。因此他们总想用一些帮助他人的行为来对别人施加强烈的影响，使别人信赖自己、赞赏自己。而且,他们常常把自己的爱和关怀强加于人,而不管那是否是他人需要的。这种以自我牺牲的爱的名义的行为,常常使2号成为让人讨厌的人。

在和他人相处时,他们总喜欢和他人建立牢不可破的关系,然而,世界上没有绝对的朋友,因此2号开始担心受到他们照顾的人爱别人胜过爱他们,而且他们相信,只有别人需要自己,才能稳定彼此的关系。因此,他们越来越多地用各种方式让他们所爱的人需要自己,而且,他们还决不允许将自己的这种行为看作是自私的表现,而认为那是无私的爱。

他们对自己亲密的朋友开始表现出较强的占有欲,嫉妒心也越来越重,对他人的情感变得越来越没有安全感,担心一旦所爱的人走出了自己的视线,就可能会离开他们。因此,他们不会介绍自己的朋友或鼓励自己的朋友相互认识,因为他们担心自己会被甩掉。所以,当别人陷入危机时,他们偷偷地高兴:这给了他们机会去扮演保护者的角色,使他们被需要的愿望得以实现——至少是暂时的满足。

他们表现出的自我牺牲的精神,使得他们把每一个痛苦、不便和需要花费心血的每一个问题都加以夸大,极大地增加了自己的心理负担,因此容易产生轻微失眠、疑病症等心理疾病。

第六层级:自负的"圣人"

处于第六层级的2号继续倾向其性格中不好的一面,开始变得自负起来,自觉做了很多好事,为别人做了很有意义的事,他们认为获得别人的感激是理所当然的。因此,当面对他人对自己付出的忽视,他们会变得愤怒,责怪对方忘恩负义,并主动提醒对方重视自己的付出。

他们开始注重自我的形象,努力将自己塑造成一个无私的圣人形象,自负地认为自己是不可或缺的。他们赞扬自己,用看似谦逊的词语来对吹捧自己的种种美德。而当别人忽略他们的美德时,他们就会表现出一定的攻击性。

他们开始渴望他人的回报,需要他人不断地感激:没有终止的感激、关怀及赞扬必须像河流一样向他们流去。他们希望别人能投其所好,这样才能表现出他们的重要性;他们觉得别人应当以现金或其他形式回报他们之前的牺牲,不论那牺牲是真正做到的或只是口头说说的。而且,即便是很久以前的善行,他们也会记得一清二楚,并认为受惠者永远欠他的人情。总之,该层级的2号总是高估了以往自己为他人所做善事的价值,却低估了他人为他们所做的一切。

他们从不承认自己的负面情绪,因为他们认为如果承认了这些"负面的"情绪,很快就会被抛弃。事实上,情况可能恰恰相反。当他们不想承认自己日益增长的伤害和愤懑时,他人无疑会感觉到,从而对2号发出的混杂信号产生厌烦感。

他们对他人情感上的回应一直怀有极端的渴求,因此他们从来不会去想这些情感是否合理。一旦他人给予他们关怀的暗示,哪怕那种暗示极为微不足道,他们也会急切地想要融入能给予他们某些关注或情感联系的情境中。因此,该层级的2号容易在感情中出轨,或是做出背叛朋友的行为。

第七层级：自我欺骗的操控者

处于第七层级的2号又向性格中不好的一面迈进了一步，其最明显的影响是：他们开始自我欺骗。

2号要完成第六层级到第七层级的转变，往往需要一种环境背景，或是受到长期的伤害，抑或是一场重大的人生灾祸，而这些一旦发生，2号在心理上就会经历一种糟糕的剧烈转变，就会激发起性格中的恶势力，滋生出较强的攻击性。然而，又因为他们要维护"好好先生"的形象，要掩饰自己的攻击性。而掩饰攻击性最好的方式，就是通过操纵他人来攫取他们想要得到的那种爱的回应。但是不管怎么说，即使是操纵别人，所获取的回应也永远无法满足他们。

他们对自己的操控行为带给他人的伤害视而不见，无论他们造成多大的破坏，都会通过自我欺骗来解释自己所做的一切"好事"。在他们的心中，他们总是充满善意，爱着所有的人，他们的良知总是明澈的。

他们害怕被抛弃，具有强烈的不安全感，因此常常怀疑别人，对他人感到愤怒，对生活感到挫折，而随着愤怒和挫折继续"积聚"，他们会开始暴饮暴食和用药。这时，他们已经有疑病症的倾向，但是他们对心理治疗有着一种顽固的抵触情绪。而且，他们甚至还会利用自己的心理疾病来作为吸引别人注意的手段。

第八层级：高压性的支配者

到了第八层级，2号对他人的操控欲更加恶化，开始呈现精神疾病的倾向，他们有时甚至是以神经质的方式强制性地要求他人付出爱。他们自认为有绝对的权力向别人索取想要的一切，因为以前他们自我牺牲，现在该别人为他们牺牲了。

他们时刻都希望得到爱，也时刻都害怕失去爱，这种对失去的恐惧常常使得他们歇斯底里，甚至变得极其不理性而且非常难以应付。他们不再维持自己无私的"助人者"形象，而将自己定位为接受者，因此他们往往无比自私，坚持认为他人必须把他们的需求摆在第一位；此前他们的自我需求间接地通过各种服务于他人的方式寻求满足，现在却冲到前头，直接要求别人给予，而且就像是报复一样地要求别人。

他们基本丧失了正常的人生观、价值观，偏执地渴望爱，他们力图借助一切手段来发现爱。而造成这种对爱的偏执态度的原因，多是他们童年时遭受生理或情感的虐待，使得他们在一个缺失爱的环境下长大。然而，这种缺失爱的环境常常使得他们不能理解爱的真意，容易将身体的接触当作爱。

他们不再隐藏自己内心的仇恨和愤怒，并希望通过不停地抱怨及批评来吸引别人的关注。他们会毫不客气、尖锐地抱怨别人是如何糟糕地对待他们，他们的健康如何受到了损害，他们是如何得不到感激……但那是一种错误的关注，因为那不仅得不到对方的爱，反而会引起他人的怨恨和愤怒。但他们已不在乎这点，他们更关注抱怨、批评别人带来的复仇的快感。

第九层级：心身疾病的受害者

到了第九层级，2号已经完全走入了其性格的误区，当他们感觉自己不能得到他人的关爱时,他们会潜意识地试着走旁门左道,甚至因此成为罪犯也在所不惜,这完全是一种病态的行为。

他们希望自己生病,因为这样容易引起他人的关注和关爱,尽管被照顾和被爱并不是一回事,但离他们一直渴望的被爱已经很近了。而且,生病可以使得他们在潜意识里摆脱自己伪善待人的罪恶感,逃脱自己应尽的责任,也在一定意义上使他们避免受到更大的惩罚。而且,他们还认为生病是证明自己付出的一种表现,正是因为他们无私地为他人付出,为他人做出牺牲,才把自己的身体累垮了。

他们常常将自己的负面心理传达给自己的身体,将自己的焦虑转化为生理症状,从而满足他们生病的需求。因此,他们通常是皮疹、肠胃炎、关节炎以及高血压等疾病患者。在所有这些疾病中,压力都是主要致病因素。在他人看来,2号的这种行为是一种受虐狂的享受,其实不然,他们并不享受生病所带来的痛苦,他们享受的是病痛带给他们的种种好处,尤其是他人对他们的关爱。

PART 03
与2号有效地交流

2号的沟通模式：总是以他人为中心

2号是一个非常重视人际关系的人，他在与人相处时能够很好地表现自己。在与2号沟通时，他往往很快聚焦到你的需要上，并在沟通中根据你的反应来调整自己的行为。

但是，2号是不擅长谈论自己的。当你在与2号沟通时，总会发现，本来是谈2号自己的事情，结果谈着谈着就谈到你身上来了。如果你和他们说话，整个过程中他们多半是在谈你或别人。即便你试着把2号的思维拉回他们自己，但谈着谈着，他们又不自觉地开始谈论起你或者他人。总之，2号因为不关注自己的需求，因而在谈话中不怎么提及自己。

人际交往中，人们常常遇见两类人：善于言辞的人和不善言辞的人。善于言辞的人可以饶有兴趣地与你谈论国际时事、体育新闻、家长里短，却从来不表明自己的态度，而你一旦将话题引入略带私密性的问题时，他就会插科打诨或一言以蔽之。这样的人多有戒备心理。不善言辞的人虽然不太爱讲话，但总希望能向别人表露自己，这样的人反而以很快和别人拉近距离，对于这类人，人们也往往愿意与其深交。根据2号不愿意谈及自己的特点，我们就可将2号归属于不善言辞的人。

为什么会出现这样的结果呢？这是因为人之相识，贵在相知；人之相知，贵在知心。人们要想迅速和对方建立信任关系，并与对方成为知心朋友，就必须向对方表露自己的真实感情和想法，甚至可以适当出卖一些自己的小秘密，从而赢得对方的信任，增进彼此的关系亲密。小林是同宿舍中最擅长交际的一个，并且人长得也漂亮。但在同班甚至同宿舍的其他女孩都找到了自己的男朋友，唯独漂亮的、擅长交际的小林仍是独自一人。

为什么呢？她身边的同学都表示，她太神秘，都不了解她。原来，小林一直对自己的私生活讳莫如深，也从不和别人谈论自己，每当别人问起时，她就把话题岔开。在生活中，我们也常会发现有的人外表看起来不是很擅长社交，知心朋友却比较多，而有的人，虽然很擅长社交，甚至在交际场中如鱼得水，却少有知心朋友。这是为什么呢？如果你仔细观察，会发现第一类人一般都有一个特点，就是为人真诚，渴望情感沟通。他们说的话也许不多，但都是真诚的。他们有困难的时候，不知怎么总能有人来帮助他／她，而且很慷慨。而第二类人习惯于说场面话，做表面功夫，交朋友又多又快，感情却都不是很深。因为他们虽然话多，却很少暴露自己的感情。人们通常能直觉地感到对方对自己是出于需要，还是出于情感而来往，因此，与这一类人交往人们也不会诚心诚意。

也许，你也有过这样的感受：当自己处于明处，对方处于暗处，自己表露情感，对方却讳莫如深，不和你交心时，你会感到不舒服，对这个人也不会产生亲切感和信赖感。而当一个人向你表白内心深处的感受时，你会觉得这个人对自己很信赖，而你也无形中和他会一下子拉近了距离。

心理学家认为，一个人应该至少让一个重要的他人知道和了解真实的自我。这样的人在心理上是健康的，也是实现自我价值所必需的。所以，在与人交往时，你不妨向对方袒露一下自己的内心，吐露一下秘密,这样会一下子赢得对方的心,赢得一生的友谊。

而对于2号性格者来说,他们习惯在与人交际时隐藏自己,只谈生意等与自己无关的东西,往往给人以一种难以接近的感觉,也就难以获得他人的信任。因此,2号在与人沟通时,不妨试着将注意力转移回自己的身上,适当抛出一些自己的个人信息,往往能激起他人的心理共鸣,也就找到了你们的共同话题。一旦有了共同话题,彼此的交流得以加深,彼此的信任感就会迅速增强,彼此的关系就会更稳固。总之,2号如果懂得适时表现自己,对自己是有益无害的。

观察2号的谈话方式

2号是一种非常重视人际关系的类型,他们在与人相处时能够快速地赢得他人的好感,拉近彼此的关系。单从2号的谈话方式上,人们就容易感到一种被呵护的温暖,也容易对2号产生一种感激心理,愿意和2号交谈。

下面,我们就来介绍一下2号常用的谈话方式:

★2号喜欢关注他人的需求,并尽力满足他人的需求。人们在和2号相处时,常常会从2号口中听到这样一些词:你坐着,让我来;不要紧,没问题;好,可以;你觉得呢?适当运用这类语言总是让人有一种很舒服的感觉。

★2号的基本恐惧是不被爱,不被需要,因此他们常常感到没有安全感,就会不断地向他人索取赞美或认同。比如,2号经常会问孩子:"爸爸/妈妈好不好?"也会问爱人:"你爱我吗?"

★在和他人聊天时,2号为了赢得他人的认同,往往对他人的观点表示认同,先满足对方的认同心理,因此他们常说:"你说得对啊。""就是啊。"

★在和人相处时,即便被对方惹怒,2号一般都会否认自己有不好的情绪。比如,如果你问面色不佳的2号:"你生气了?"2号会肯定地回答:"没有,怎么会呢?"

★当2号感到自己被背叛时,性格就会变得暴躁起来,态度也变得强硬,会用命令的口气对他人说话:"你,去给我倒杯水。""快去把这份文件打印10份。"

读懂2号的身体语言

当人们和2号性格者交往时,只要细心观察,就会发现2号性格者具有以下一些身体信号:

★2号喜欢穿深色服装,款式也讲究简单大方,因为大众化的服装容易得到他人的认同,而且,颜色过于鲜亮或款式过于新潮的服装也容易妨碍2号对他人的服务。

★2号脸上总是洋溢着亲切的笑容,其友善的态度、主动开放的气质,给人一种亲人般的、知心的、一见如故的温馨感觉。

★2号是感性的,因此他们很容易把喜怒哀乐写在脸上,也正是因为他们的直接情绪表现,容易让其与他人的情绪产生共鸣。

★2号不擅长关注自己,因此他们喜欢用暗示性语言表达自己的情感,而且,因为他们具备敏锐的观察力,能很快觉察到对方暗示性的情感表达,但有时候也可能觉察不到位或暗示不到位造成双方误会。

对 2 号直接说出你的需求

人际交往中，免不了要求人办事。作为求人者，大多数人碍于面子，害怕被拒绝，因此往往不敢直接开口求人，不是借第三者传话，就是说话绕圈子，常常听得被求者莫名其妙。如果被求者领悟力高一些，还能从你旁敲侧击的行为中猜出你的意图，如果被求者领悟力差一些，往往就会觉得"丈二和尚摸不着头脑"，觉得你故弄玄虚，反而对你没有好印象。而且，这样拐弯抹角地求人，太耗时间，容易使求人者错过办事的最佳时机。

如果你所求之人是 2 号性格者，大可不必采取拐弯抹角的求人方式，而应直接对他们说出你的需求。对于喜欢帮助他人的 2 号来说，被人需要是一件值得高兴的事情，这是证明自己存在价值的时候，他们不仅不会拒绝，反而会全心全意帮你办事，他们的付出甚至远远超过你的需求。

而且，2 号性格者善于观察他人，他们往往具有极强的敏锐力，可能比你更清楚如何满足你的这些需求。形象点来说，他们是天生的护士，擅长于按病情的轻重缓急分送救治，当大祸临头时，他们知道如何安排事情的优先顺序，并且总是能保持冷静。

第四篇

3号 实干型：只许成功，不许失败

　　3号宣言：我必须是优秀的，我所做的每件事都必须成功。

　　3号实干者追求成功，重视名利，喜欢出风头，渴望获得鲜花和掌声。他们倾向于把世界看作一次赛跑，在这次比赛中他们要求自己必须有优异的表现，因为他们认为，一个人的价值是以他取得的成就和社会地位来衡量的。因此，他们往往是充满自信、喜欢竞争、喜欢做第一的"工作狂"。

PART 01
3号实干型面面观

3号性格的特征

在九型人格中,3号是典型的实干主义者。他们有着较强的竞争意识,倾向于把世界看作一次赛跑,在这次比赛中他要求自己必须有优异的表现。他们认为,一个人的价值是以他取得的成就和相应的社会地位来衡量的。因此,他们重视效率,追求成功,很善于表达自己的想法。他们的示范,对周围的人也有激励作用,从而产生成就大事的能量。而且,他们总是关注目标,任何事情都要有明确的目标指引,绝对不做无意义的事情。

3号的主要特征如下:

★充满活力与自信,在与人交往时表现出风趣幽默、处世圆滑、积极进取的一面。

★非常注重自己的外在形象,希望时刻给人绅士、淑女等好印象。

★适应能力强,见什么人说什么话。

★害怕亲密关系,不喜欢依赖别人,不喜欢跟别人太过亲密,怕受到伤害,怕被人发现弱点。

★喜欢竞争,有着强烈的好胜心,不愿接受失败。

★一旦失败,会非常沮丧、意志消沉。

★是个雄心勃勃的野心家，希望引起别人关注、羡慕，成为众人的焦点。

★是典型的工作狂，他们在工作的时候往往能全心投入，忽视个人情感。

★行动能力强、工作效率高。

★靠自己的努力去创造，相信"无功不受禄"，亦相信"天下没有搞不定的事"。

★看重自己的表现和成就，喜欢通过一些具体的行为来衡量自己在他人心目中的地位。

★信奉理性至上的原则，不注重自己的精神需求，也不懂得顾及别人的感受。

★认为经济基础决定精神生活，相信只要有足够的物质基础，就能获得爱情。

★重视名利，是个现实主义者，为维持一些外在假象，甚至可以冷酷无情，不择手段，有时甚至牺牲情感、婚姻、家庭或朋友。

★喜欢炫耀，常常在别人面前夸耀自己的能力、才华、背景、家庭、伴侣，自我膨胀得很厉害，有些更是自恋者。

★基本上是一个受人欣赏、有能力、出众的人。

3号性格的基本分支

3号性格者偏执地认为名利、地位是评判一个人好坏的标准，而为了不被人看不起，他们需要成为好的标准，因此任何能够带来金钱、占有（安全感）、名望，或者增强他们女性／男性形象的环境，都是他们喜欢的。因此，3号总是关注成就，而不是感受，他们在乎的是行动，而不是感觉，这就容易导致3号精神上的空虚，就容易陷入选择的危机：该走哪一条路呢？该去争取成功，还是该去面对自我？这种迷茫心理往往突出表现在他们的情爱关系、人际关系、自我保护的方式上。

1. 情爱关系：性感

3号为了吸引异性的关注，常常倾向于选择一个性感的形象，他们把自身的性感和对他人的吸引力视为一种个人价值，他们会努力在他人眼中表现得魅力十足。也就是说，他们能够把自己打扮成伴侣的梦中情人，具有极强的持久伪装能力。他们喜欢用时尚新潮的外表来吸引异性注意，什么流行穿什么，却常常忽视自己的风格。我和我丈夫是一次聚会认识的，他是个成功的企业家，人长得高大帅气，脾气也不错，是大多数女人心目中的"白马王子"。而我长相平平，因此一开始他并没注意到我。但我在知道他喜欢知性的女孩子时，我一改以往新潮的着装风格，努力塑造自己的知性形象，渐渐吸引到了他的注意力，并最终步入婚姻。当结婚后，我依旧维持自己的知性形象，但是又渴望重新做回那个狂野的自我，因此我常常感到疲惫。

2. 人际关系：重视声望

3号认为，要吸引他人的关注，首先要使自己有较高的声望。他们非常在乎社会资历、头衔、公共荣誉，以及与社会名流的关系，他们以认识名人为荣，更时刻渴望自己成为名人，因此他们会利用一切方式来帮助自己获得更高的声望，他们会改变自己的个人特征来适应群体的价值特征，并努力成为群体的领导者。早在大学时，我就喜欢搜集名人的信息，并寻找各种机会来结识名人，我连做梦都希望自己也成为一个名人。毕业后，我成了一名记者，有了更多接触名人的机会，也就更坚定了自己成为名人的信心，更加努力地工作，也使自己成为了行业的佼佼者。

3. 自我保护：安全感

3号认为，金钱和地位能够给他们带来安全感，让他们感到自己被关注、被赞赏。因此，他们喜欢追求对金钱和物质的占有，努力工作，这样能够减少他们在个人生存中的焦虑感。但是即便过上了富裕的生活，他们还是会担心有朝一日会丢掉饭碗，变得一穷二白，所以他们在工作上从不懈怠。尽管我挣得不少，也有一笔可观的银行存款，但我还是担心钱不够用，因此我总是努力地工作，并利用周末的空暇时间做兼职挣钱，同时我也不断寻找工资更高的工作。

3号性格的闪光点

追求成功的3号性格者有很多优点，以下这些闪光点值得关注：

1. 注重形象

3号注重自己的形象，他们喜欢以自己最体面的一面展示人前，他们一直认为自己是人群中成功的典范，所以会用成功者的形象来显示自己，往往给人以雄心勃勃、意气风发的潇洒形象。

2. 充满激情

3号对于手头的工作和未来的目标总是充满激情，为了达到目标，他们干劲十足，好像有用不完的精力，总是把工作安排得满满的，尽心尽力地工作，不成功不罢休，是个十足的工作狂。

3. 追求成功

3号以追求成功为乐,具有强烈的成果导向和成果意识,他们认为,虽然实现目标的过程和努力十分重要,但更重要的却是成果本身。而且,3号能够为了目标而不懈努力,直到成功为止。

4. 善于激励他人

3号对待工作的激情常常对他们身边的人产生激励作用,他们的成功者形象和成功经验让他人羡慕不已,从而促使他人投入更多的精力到工作中去,也容易促使他人成功。

5. 极强的说服力

3号很善于表达自己的想法,在工作开始前,就备好"怎样完成工作"的方案,并让周围人理解、接受。

6. 勤奋好学

3号具有强烈的上进心,为了追求成功或者维持成功,他们总是坚持不懈地探索新的目标,争做行业先锋人物。

7. 喜欢竞争

3号把胜利作为自己的第一需要,所以处处表现出竞争性。他们喜欢竞争、迎接竞争、参与竞争,甚至是挑起竞争,只因为他们希望通过竞争的方式来证明自己的价值。

8. 擅长交际

3号是天生的交际能手,他们开朗健谈,常常给人留下深刻的印象。他们自己也喜欢接近那些能帮助他事业发展的人,并懂得利用所拥有的人脉资历来寻求更多的发展机会。

9. 天生的领导者

3号具有天生的指挥欲和领导欲,他们忽视个人感受,只重视他人的价值,并懂得利用他人的价值来为自己的目标服务,突出自己的成功。当在领导岗位上时,他们能够纵观全局,知人善任,合理地委派工作,营造最高效的团队。

10. 注重效率

3号注重效率,他们认为速度胜于一切,他们总是能专注于手边的任务,在工作上特别投入,而且精明敏捷,致力于完成工作所需的步骤,绝不拖泥带水。

3号性格的局限点

追求成功的3号性格也有一些缺点,对以下这些局限点应该警醒:

1. 忽视感情

由于3号注重成就,因此他会透支自己的精力、身体甚至人际、家庭关系等,他人会产生被3号忽略的感觉。

2. 自我欺骗

3号是形象多变的,他们喜欢根据所处的环境来改变自己的角色,维持自己受人赞赏和羡慕的成功者形象。在这样不断变换形象的过程中,3号常常忽略了真正的自己。

3. 独自承受负担

3号有着天生的优越感,认为别人不及自己优秀,因此他们总喜欢亲力亲为,重要的事自己做,不善于求助和利用团队的力量。

4. 不择手段地成功

为了获得成功、声望、财富等,他们往往会走捷径,甚至破坏规则,采取一切手段,只要达到目标就行。许多时候,他们甚至会为了追逐成功而牺牲自己的情感、婚姻、家庭和朋友。

5. 不能面对失败

3号害怕失败,因此他们喜欢做必胜的事情,而不愿意冒险去做成功概率较低的事情。当3号遇到一些经过努力但仍然没有得到解决的问题、困难时,他会非常烦躁和沮丧。

6. 过于追求名望

3号认为地位是评判一个人成功的重要标准,因此他们十分看重荣誉、头衔,并努力获取更多的荣誉和头衔来升高自己的地位。

7. 典型的工作狂

3号认为工作是实现成功的重要方式,因此他们全心全意投入到工作中,每天从早忙到晚,无视家庭和个人健康,一味地追求工作所带来的金钱、成就感、荣誉,将自己变成了一个彻头彻尾的工作狂。

8. 唯才是用

在3号的眼里,人只有两种:有价值与无价值,他们坚信:"不管白猫黑猫,抓到老鼠就是好猫。"因此,只要下属工作能力强,3号就会忽略这个人的品德等其他方面,选择重用他;相反,如果一个下属工作能力较差,3号又缺乏深入了解其内心世界的耐心,就会干脆地放弃他,甚至是找能者代替。这时的3号容易给人自私、不近人情的恶劣印象。

3号发出的4种信号

3号性格者常常以自己独有的特点向周围世界辐射自己的信号,通过这些信号我们可以更好地去了解3号性格者的特点,这些信号有以下4种:

积极的信号

无论是对待生活还是工作,3号都秉持一种积极乐观的态度,他们对未来充满信心,认为"我们一定会成功",因此努力工作,努力生活,并用自己积极乐观的精神影响身边其他的人,激发其他人的正面情绪,从而带动一个团队的发展。从这个方面来看,3号可以成为非常敬业的领导者:他们有坚定的信念,敢于承担责任,愿意把大部分任务都揽到自己身上。

消极的信号

3号因为将注意力集中在人、事的价值上,而且他们只关注那些对他们有价值的人、事,因此容易忽略身边人的心理感受。因此,作为3号的朋友、伴侣,时常会感到孤独,因为3号将大部分时间和精力都投入到了工作中,他们没有时间也不懂得给予对方精神上的安慰和帮助。总之,3号经常为了工作而牺牲友情、爱情。

混合的信号

为了追逐成功,3号让自己处于一直忙碌的状态,因为他们害怕一旦自己停止忙碌,就会导致失败,那是他们无法承受的结果。他们认为快乐就是他人的认可,以及实质性的财富和社会奖励。由此可见,3号往往将物质和精神混为一谈,狭隘地认为物质决定精神,只要物质丰富,精神就不会贫乏。在这种思想误导下,3号经常成为物质丰富、精神空虚的所谓成功者。

内在的信号

3号注重目标,因此他们的眼里经常只看到结果,而不关注过程。3号也注重效率,因此他们喜欢做了再说,认为细节问题不必预先计划,完全可以在做的过程中解决。然而,一旦3号上了路,他们往往集中精力高速前进,就很难再顾及细节问题,因此常常因细节导致失败。

总之,他们内心中总关注着自己成功之后的感觉,这往往加剧了他们对成功的向往,使得他们信心暴涨、耐心骤降。当3号内心被完成的目标和最终的结果所占据的时候,3号需要提醒自己减速前行,并问问自己:"这个目标到底是服务于我,还是服务于我的形象?"从而做出最有利于自身发展的决定。

PART 02
我是哪个层次的 3 号

第一层级：真诚的人

处于第一层级的 3 号追求真诚，他们开始关注自己内心深处真挚的情感，也能顾及他人的心理感受，更客观地看待自己追求成功的行为，认为自我的发展才是成功，而不再追求别人的肯定，也不会被别人赞赏、羡慕的欲望所刺激。

他们的注意力集中在以内心为导向与自我成长上，他们真实地表达自己的情感，但并不感情用事，也不情感外露，而是以一种孩子般的天真和热情寻找自己和他人的真理。这样真诚的态度使得他们具有强大的影响力，能够感染和激励他人追寻更高的目标。

他们能够自我接纳，以同情之心看待自我，完全地爱自己。他们通过自我接纳，能够抛开满是浮夸幻想的世界，不再受诱惑而接受有关自身的任何形式的虚妄，从而认识到真正的自我，既能认识到自身拥有的许多天赋和才能，也能大方地承认自己的弱点和局限性。

他们懂得仁慈和慷慨的真正意义：仁慈和慷慨不是为了给他人留下正面的印象，而是以开放的心态去真正关心他人的幸福和成功。他们真心希望对他人好，并誓以用实际行动去保护比他们不幸的人为自己的人生目标。他们不再关注"事事占先"和与众不同。他们开始把自己看作是人类大家庭的一分子，并决心在其中承担自己的一份责任，谦恭地利用自己可能具有的才干和地位去做有价值的事。他们会因为他人投注于自己身上的爱而感动和快乐。

第二层级：自信的人

处于第二层级的3号追求自信，当他们遭遇健康问题或人生阻碍时，他们会放下以内心为导向的行为方式，开始更为明显地朝向自身之外寻找他人重视的东西。凭借他们敏锐的观察力，他们总是善于判断什么样的特质能得到对他们而言非常重要的人的尊重，他们调节自己以便成为具有那些特质的人。虽然他们仍是真诚的人，但已经开始从尊重自己的内心转向寻找他人的认可。

他们开始害怕失败，害怕自己毫无价值，为了消除内心的这种恐惧感，他们迫切希望他人的尊重和赞赏，给他们价值感。这主要是因为他们想起了自己不被注意和尊重的童年时期，那种被忽视的感觉让他们觉得难受，他们需要利用其他事物来转移自己对童年生活的关注。而他们也总能轻易地找到转移注意力的办法：了解他人的期望，并在这个过程中锻炼出了自己较强的适应能力。

他们具有极强的社交能力，每当走进一个房间，他们立即就能感觉到其中的氛围，并有效和敏感地随机应变。也就是说他们能轻易吸引他人的注意，并很快融入他人的话题中，还常常使自己成为掌控话题的重要人物。这种能力使其他人很自在，使3号的到来常常得到友善的欢迎。而当3号笼罩于别人赞赏的关注之中时，他们就会积极地发出光芒。他人的肯定使他们觉得自己还活着，能感觉出自己的好。

他们努力表现出自信积极的人生态度，对他人具有较强的吸引力。他们会通过塑造迷人的外表、展现自己一切正面特质的方式来吸引他人，让他人对他们产生兴趣，进而鼓励他们给予自己更多的互动和肯定。

第三层级：杰出人物

处于第三层级的3号追求杰出，他们努力相信自己的价值，总希望拥有良好的自我感觉，开始害怕他人会拒绝他们或对他们感到失望，因此他们必须做一些建设性的事情来增强自己的自尊，投入了大量的时间和精力来发展自己，把自己造就为杰出人物。

他们开始有成功的野心，喜欢用各种方式来提升自己在学术、体育、文化、职业及智慧等方面的成就，但他们并不对金钱、名声或社会名望感兴趣，只是想提升自己的内涵，这也确实让他们拥有一些非常不错的特质，使他们成为所在领域的"明星"，受到他人的赞赏和羡慕。

他们热爱工作，并在工作中表现出较强的竞争力：他们能够专注于自己的工作目标，喜欢自始至终琢磨自己负责的项目；能承受逆境，因为他们确信只要努力工作就能达成为自己设定的目标；能以高亢的热情和勤奋激励团队的士气；常常作为组织的发言人，向公众传达组织的意见。

他们是富有幽默感的，他们敢于自嘲，能够对自己的不足和些微的自负一笑而过，而这既可以让人轻松也能增添他们的魅力，更加引起人们的赞赏和羡慕。

第四层级：好胜的强者

处于第四层级的4号开始表现出好胜心，他们开始希望自己与众不同，认为只有独特的自己才容易吸引他人的注意力，而要展示出自己的独特，就必须要将自己和他人进行比较。

他们开始喜欢竞争，并渴望在竞争中获胜，从而向自己和同行证明：自己是非凡的优秀人物。为了不被他人比下去，他们为此比他人更努力地工作，寻找各种代表着成功和成就的象征：社交能力、加薪、受欢迎的演讲、签订合约、拥有同他们的老师或领导一样的显要位置。总之，超越他人可以强化他们的自尊，使他们不致产生太深的无价值感，暂时感觉自己更可爱、更值得关注以及被羡慕。

他们开始追逐名利，并将职业成就看作他们衡量自己作为人的价值的主要砝码，因此他们不断地谋划着自己的升迁，想要尽可能快地向上推进，并愿意为此付出巨大的牺牲：牺牲健康、牺牲婚姻、牺牲家庭、牺牲朋友……总之，一个有声望的头衔或职业能够极好地强化3号的成就感。

他们不再真诚，而是注重社交技巧，开始抛弃真实的自我表达，开始掩盖他们的动机，喜欢在人际交往中出风头，以吸引那些对他们来说有价值的人，来帮助他们提升自己的事业，增加自己的社会魅力。

第五层级：实用主义者

处于第五层级的5号变成了一个以貌取人的实用主义者，他们更注重塑造具有吸引力的外在形象，并以此来掩盖他们内心的基本恐惧，隐藏他们真实的情感和自我表达。

他们在追求成功时，关注形式重于实质，更多地关注提升自我形象，他们希望给他人一个可爱的印象，而不管他们投射出来的形象是否反映了真实的自己。因此，他们把旺盛的精力倾注于塑造更加亮丽的外表上，以帮助自己赢取渴望的成功。正是由于过于关注形象，使得他们在根本上缺乏真诚的自尊。

他们开始将自己看作一件商品，而不是一个人，而商品需要通过他人购买的形式来证明自身的价值，3号也认为自己需要他人的认同来证明自我的价值。因此，对于3号来说，让别人接受自己成了第一要务，他们时刻都在做一个规划：怎样让自己成十分成功和十分有吸引力的人？他们觉得仿佛每个人的眼睛都在看着自己，他们必须时刻准备着留给他人好的观感、印象和感受。这样过度寻求他人认同的态度，使得他们忽视自己的内心世界，也就无法表达自己真正的情感、做出正确的回应。

无论是在工作还是生活中，他们都更倾向于使用技巧和规则来帮助自己成功。他们对各种行业术语驾轻就熟，为了实现目的不惜应用各种语言符号，不论是参选总统、卖牙刷还是自吹自擂，他们总是能说得头头是道，让自己看起来像个专家。

第六层级：自恋的推销者

处于第六层级的3号开始有自恋的倾向，他们总是认为自己是聪明的、能干的、优秀的、美好的、成功的，他们会用许多代表成功的词来定义自己,并希望别人也能这样看。

他们想要逃避性格中的缺点:那越来越匮乏,且持续引起羞耻感和痛苦的内在自我,更不希望别人看到他们性格中的这些缺点,破坏他们在他人面前苦心经营的完美形象,因此他们常常过度地自我推销,向别人反复突出那些他们身上美好的一面,从而得到别人的羡慕及嫉妒,以此来增强自己的自信心。

他们为了抵消越来越强的恐惧感:害怕自己变得毫无价值,开始塑造华而不实的外表来包装自己,并无休无止地替自己做广告,吹嘘自己的才华,卖弄着自己的教养、地位、身材、智慧、阅历、配偶、性能力、才智——所有他们认为能赢取羡慕的东西,用听起来很重要的名头宣传自己的成就,或是让别人了解他们将要取得的巨大成功,使自己听起来很了不起,似乎自己永远比别人做得好,而且比实际的样子更好。然而,他们这种浮夸的表演常常引起他人的反感。

当他们取得一定成绩后,极容易骄傲自满,沉迷于自恋的短期满足,开始虚度光阴,沉迷于性吸引和性魅力,以致逐渐无法关注现实的、长远的目标和成就,也就阻碍了自己的发展。

第七层级:投机分子

处于第七层级的3号开始变得不诚实,他们固执地认为失败是一件丢脸的事情,因此当他们以常规的方式无法取得成功时,他们就可能采取某些极端的方式,只要这些方式能帮助他们获得成功,他们并不觉得有什么不对。

他们视生存为人生第一要务，但因为他们不关注自我，使得自己的性格往9号偏移，容易导致自己找不到人生的目标，对在何时该做何事没有任何方向。此时，他们的实用主义已经降格为一种没有原则的权宜之计，他们所做的任何事几乎都是为了让他人相信自己仍是特别的人，而实际上他们可能并无特别之处，他们就可能为了突出自己的特别而歪曲自己的真实处境：钻牛角尖、隐瞒自己的简历、剽窃他人的成果、把他人的成果据为己有，或是编造从未有过的成就以使自己看起来更加出名。总之，为了生存，为了成功，他们不惜一切代价。

他们喜欢以价值来评判他人，选择和那些对自己有价值的人建立关系，并不假思索地利用对方为自己获取价值，一旦对方没有了价值，他们会毫不犹豫地放弃对方。因此，他们的朋友寥寥无几，而且常常是和他同样是投机分子。

第八层级：恶意欺骗的人

到了第八层级，3号发现自我欺骗已不再能麻醉自己，不再能抑制他们心中对失败日益强烈的恐惧感，而他们又不愿向别人承认他们的失败，他们只好动用非常规手段——恶意欺骗来继续伪装成功者。

他们开始变得神经质，时刻都在怀疑自己的形象是否有魅力，是否对他人有足够的吸引力，当他们发现他人不够关注自己时，他们会谎话连篇，强迫对方重新关注自己，即便这些谎话可能会对他人造成伤害也在所不惜。这时的3号，已经变成了一个病态的说谎者，他们的语言和行为中都只有他们想要的成功，而没有事实的真相。

无休止的谎言给他们带给不断激增的压力,但他们竭力压抑这种压力,努力给人以镇定和有自制力的良好形象,但这往往越发加剧他们内心世界的崩塌,使他们变得极度危险,犯下种种罪行:他们变得无情无义,完全有可能出卖朋友、愚弄他人或毁灭证据,以掩盖自己的恶行;他们阴谋破坏别人的工作,伤害爱他们的人,因为看到别人毁灭是他们获得优越感的唯一方法。而随着一项罪行的增加,他们会越发恐惧被人发现他们的真面目,恐惧因这些罪行而受到惩罚,为了逃避惩罚,他们可能犯下更多的罪行,最终使自己变成十足的恶棍和疯子。

第九层级:报复心强烈的变态狂

到了第九层级,3号已经陷入了严重病态,产生强烈的自卑心理,认为其他人都比自己优秀,又同时带有强烈的好胜心,不希望别人比自己优秀,这两种心理综合的结果,就是使得他们对他人怀有疯狂的怨恨心理,当他人在竞争中击败他们时,他们更会产生疯狂的报复心。

他们的优越感不复存在,因此他们在面对他人的优越时,常常是不可遏制的、基本上属于潜意识的冲动中体现为想在人际关系上挫败、智取或击败他人。尽管这些毁灭何人或何事的行为,总会让他们想起一直以来都在力图避开的那些不幸往事,可他们已没有能力控制自己这种偏执性强迫症的行为。也就是说,此时的3号已经没有任何能力移情于任何人,所以也就没有什么东西可以约束他们对他人的严重伤害。

他们喜欢竞争,更喜欢制造和他人的敌对关系,因为他们总是极端嫉妒他人，总是觉得他人拥有自己所需要的东西。在他们眼里，所有人都是对自己破碎的自尊的一种威胁，都是他们恶意报复的对象，即便这个人或许只是一个心态正常的普通人，并无任何优越之处。如果别人不反抗还好，一旦反抗，就会促使3号彻底堕入罪恶的深渊，后果的严重性往往无法想象。

一旦3号丧失最后的一点正常心智，他们就会无所畏惧，完全陷入病态的精神世界，他们可能随心所欲地制造罪行：袭击、纵火、绑架、杀人，而且，公众的谴责和臭名远扬给了他们所渴望的关注：被害怕和被蔑视恰好证明自己仍是个"人物"。从精神病学的角度来说，一个人犯罪乃是因为他一直想通过毁灭他人来重获优越感，这其实就是对该层次的3号的行为最精准的评判。

PART 03
与3号有效地交流

3号的沟通模式：直奔主题

　　3号追求成功，注重效率，他们时常觉得"人生苦短"，要抓紧时间努力工作，才能获得自己想要的荣誉、声望、金钱、地位等成功者的必备元素，因此他们总是急匆匆地走在前进的路上，难有停歇的时间。为了保证自己的高效率，让自己尽快达到成功的目标，他们习惯快速沟通和办事的方式，喜欢直奔主题，绝不拖沓冗长。古典小说《镜花缘》中，林之洋、唐敖、多九公三人到了白民国，在一家酒店吃饭，酒保把醋错当成酒给他们送来了。林之洋素日以酒为命，举起杯来，一饮而尽。那酒方才下咽，不觉紧皱双眉，口水直流，捧着下巴喊道："酒保，错了！把醋拿来了！"

　　这时旁边一个驼背的老儒赶忙劝他道："先生听者：今以酒醋论之，酒价贱之，醋价贵之。因何贱之？为甚贵之？真所分之，在其味之。酒味淡之，故而贱之；醋味厚之，所以贵之。人皆买之，谁不知之。他今错之，必无心之。先生得之，乐何如之！第既饮之，不该言之。不独言之，而谓误之。他若闻之，岂无语之？苟如语之，价必增之。先生增之，乃自讨之；你自增之，谁来管之。但你饮之，即我饮之；饮既类之，增应同之。向你讨之，必我讨之；你既增之，我安免之？苟亦增之，岂非累之？既要累之，你替与之。你不与之，他安肯之？既不肯之，必寻我之。我纵辨之，他岂听之？他不听之，势必闹之。倘闹急之，我惟跑之；跑之，跑之，看你怎么了之！"

唐敖、多九公二人听了，只有发笑。林之洋道："你这几个之.字，尽是一派酸文，句句犯俺名字，把俺名字也弄酸了。随你讲去，俺也不懂。"其实老儒啰唆唆说了一大堆，其实就一句话的意思：醋比酒贵。唐敖、多九公是不是3号我们暂不判断，总之在3号的眼里，这样如此啰唆地叙述这么简单的意思，是对时间的一种浪费，不仅得不到他们的好感，反而容易激起他们的愤怒。

因此，人们在与3号沟通交流，要直中要害，直奔主题。先了解对方最关心项目里面的什么部分，再重点分析，切忌什么都说，太烦琐会让他们注意力分散。虽然在谈话时，3号有时候看起来挺有耐心的样子，就算你说再多烦琐的东西，他们看起来也专心致志。但那是为了给你面子而且要保有专业的形象，他们的内心可能早就远离你的话题了，所以跟3号谈话要懂得把握节奏和突出重点。如果你还是怕他们知道得不够全面而继续讲下去的话，也许他们就会开始变得烦躁，就可能对你发脾气了。

观察3号的谈话方式

3号注重效率，因此他们说话时喜欢直奔主题，直截了当地说出自己的观点，提出自己的意见，绝不拖泥带水，给人以干脆利落的感觉。

下面，我们就来介绍一下3号常用的谈话方式：

★3号注重效率，因此他们说话常常语速较快，这是为了在单位时间内表达更多的信息,以便在下一刻能做更多的事情。

★3号说话时喜欢用简单的字词、句子,不仅能直达中心思想和目标,还给人一种有力量的感觉。他们常说的字词有:目的、目标、成果、价值、意义、抓紧、浪费时间、做事情、行动、赞扬、认同、能力、水平、第一、最好、竞争、面子、形象等。

★3号声音洪亮,喜欢使用抑扬顿挫的语调说话,能有效调动听众的情绪,获得他人的高度赞同,甚至在许多时候,人们会因为自己跟不上3号的讲话节奏以致错过精彩而引以为憾。

★3号注重思维的逻辑性,以及行动的快速性,他们在说话时也非常有逻辑、有效率,同时只关注重点。

★3号不喜欢谈论哲学话题,那些冗长的分析和感性的认知让他们感到无聊,同样,他们也不喜欢和他人进行长时间的谈话。

★3号喜欢为自己塑造积极乐观、能干的形象,因此他们通常会避免显示自己消极一面的话题或一些自己所知甚少的话题。

★3号不喜欢和能力差、没有自信的人谈话,当他们认为对方没有能力或不自信时会变得不耐烦,而且不太相信那些没有能力或不自信的人所提供的信息。

读懂3号的身体语言

当人们和3号性格者交往时,只要细心观察,就会发现3号性格者具有以下一些身体信号:

★3号十分注重形象,他们多保持适中的身材,以满足当下审美对身材的要求。

★ 3号十分注重自己的着装，既要达到光鲜亮丽、夺人眼目的效果，但又要避免出现哗众取宠的情况。一般来说，3号男性喜欢给人一种洒脱的感觉；3号女性喜欢给人一种干练的感觉。

★ 3号在与人交流时，常常眼神专注且充满自信，时时流露出自己内在的实力和魅力，其以充满"杀伤力"的眼神投向身边的人，让人有一种渴望与其接触但又怕被刺伤的"欲罢不能"的感觉。

★ 3号喜欢塑造挺拔的形象，因此努力让自己"站如松，坐如钟"，但他们的肢体语言非常丰富，大多数情况下很难安静坐好，但是其刻意控制自己体态的做法，会给人一种"表演"的感觉。

★ 3号注重肢体语言的表现力，因此他们在谈话时常常搭配相应的肢体动作，尤其在手势方面更加懂得与眼神所传递的信息配合，给人一种活力四射的感觉。比如，3号在向他人表示友好时，总是摊开双手给人一种开放态度的亲切感。

★ 3号态度圆滑，擅长根据不同的场合及公众的要求做出相应的改变，以恰当的言语沟通方式融入所置身的公众场合。

对3号多建议少批评

在3号的眼里，人只有两种：有价值的人和没有价值的人。而为了追求成功，他们会主动接近那些对他们有价值的人，而自动忽略那些对他们没有价值的人。为了讨好那些有价值的人，他们会努力将自己塑造成对方心目中理想的形象，从心理上强迫对方臣服自己，而为了保持这种优越性，他们常常会根据他人的想象来改变自己的形象。由此可知，当3号面对他人对自己的批评时，他的第一反应往往是：哦，原来他心目中的成功者是那样的，那好，我就变成那样吧。他们就会根据他人的观点来迅速调整自己的形象，而不会去深思这些批评背后关于个人发展的东西。简单点说，就是批评只会是3号更好地伪装自己。

而当人们给予3号建议时，则是在帮助3号进入他们的感情世界，帮3号从他们的主管情感上来思索发展的问题，着手建立3号自己对于成功的标准，而不再以他人的成功想象为标准。也就是说，他人的建议更能帮3号看到自己的需求。

人们常说"一个建议胜过十个批评"，就是要求人们在面对他人的缺点时多建议少批评。因为每一个建议中都包含着智慧，包含着汗水，包含着建议者的思索，包含着建议者的支持，包含着建议者的良苦用心；而抱怨与批评却简单得多，只要把自己看不惯的，不喜欢的一股脑发泄出来，自己痛快了，却让别人不痛快了。对于渴望用成功形象来吸引他人注意，获得他人赞赏，满足自身优越感的3号来说，他人的批评往往是否认他们成功的表现。而为了维持自己的优越感，3号会选择忽视或者反击那些批评，从而引发和他人之间的冲突，对双方都不是好事。

因此，人们在面对强势的3号时，不妨多建议，少批评，尽量在不破坏其优越感的情况下给出客观意见，引导3号认识自己的内心世界，从而帮助他们获得更好的成功，也容易为自己争取到3号的保护和帮助。

给予3号客观的回应

3号性格者追求成功，他们喜欢在人前塑造一个极富吸引力的成功者形象,因此他们时刻关注大众对于成功这个概念的理解。如果人们觉得成功者是有庄严肃穆的,3号的男性就会喜欢以西装加领带的严肃形象出现;如果人们觉得成功者是时尚的,3号的形象中就会出现许多时下的流行元素;如果人们觉得成功者是个性的,3号就会表现出特立独行……总之,大众认为成功者应该是什么样子的,3号就会以什么样子出现,从而彰显自己成功者的身份,满足自己的优越感。

由此可见,3号十分注重和他人的交流,并尽量从他人的信息中挖掘出对自己有价值的东西。如果他们发现对方给出的信息是客观的,对他们有价值,他们就会深入接触对方;如果他们发现对方给出的信息多是主观的,对他们毫无价值,或是极大地伤害了他们的利益,他们就会选择忽视对方,或是直接地反抗对方。而且,因为3号是擅长交际的高手,往往有着极强影响力,因此他们很容易帮助一个人成功或是毁掉一个人的成功。也就是说,得罪3号不是一件好事。托斯康是一座边远的小城。有一天,城里来了一个外乡人。这个人为了提高自己的身份和声望,真真假假地讲了些老家的逸闻趣事。在他的嘴里,他的老家充满奇迹,和这里的单调、荒凉相比,真像天堂一样美妙。

客人很健谈,在他的身边聚集了不少人。不一会儿,本地一位受人尊敬的市民也来了。他伫立在人群中听这位外乡人夸夸其谈。最后,他很有礼貌地插了一句:"你说的那个地方那么遥远,如果你真是出生在那里,我们也用不着怀疑了,相信你讲的都是实情。"

愚鲁的外乡人听了这几句话非常得意,他双手叉在腰间,傲然四顾,摆出一副自命不凡的架势。

这位市民是非常聪明的,他接着又说:"老兄,你说的那个城市里的稀罕事,我们亲眼见识过,我们相信。不过你也应该明白,在我们这个偏远的小城,我们还从来没有见识过像你这样丑陋的人。"

当你口中说出的不是客观的话时,你说出的就将是谎言,你也就成为他人眼中的骗子,可能骗得了一些善良无知的人,却骗不了那些聪明人。

当你在能干聪明的3号性格者前信口雌黄,说出源源不断的谎言时,你很容易被3号的慧眼一眼看穿,你的丑恶行径也将被揭露,受到众人的谴责,极大地损害了自身的发展。

第五篇

4号浪漫型：迷恋缺失的美好

4号宣言：我是独一无二的。

4号浪漫主义者喜欢标新立异，渴望与众不同。他们对自己和他人的情绪十分敏感，也十分在意。因此，他们身上具有很多艺术家的特质，往往情感丰富，习惯忠于自己的感受，凭感觉做事，追求心灵刺激，情绪变化无常，散发出独特的魅力。但他们也喜欢关注负面情绪，活在过去，迷恋缺失的美好，沉溺于痛苦中。

PART 01
4号浪漫型面面观

4号性格的特征

在九型人格中，4号是典型的浪漫主义者，他们是天生的艺术家。他们容易被真诚、美、不寻常及怪异的事物吸引，会翻开表面以寻找深层的意义，他们对关心的事物表现出无懈可击的品位，他们任凭情感的喜恶去做决定，最好的事物总是最能轻易满足他们。在别人眼中他们可能像强烈及浮夸的悲剧演员，或是爱管闲事而刻薄的评论家。然而在他们最佳的状况时，4号是一个兼顾创意和美感的人，过着热情的生活，并表现得优雅，具有极佳的品位。

4号的主要特征如下：

★内向、被动、多愁善感，感情丰富，表现浪漫。

★关注自己的感情世界，不断追寻自我，探索心灵的意义，追求的目标是深入的感情而不是纯粹的快乐。

★重视精神胜于物质，凡事追求深层的意义。

★被生活中真实和激烈的事物深深吸引，比如生死、灾难、遗弃等。

★带有忧郁感，被生命中的负面经历所吸引，特别易被人生哀愁、悲剧所触动。

★敏感于他人对自己的态度,经常不被人理解,常眼神略带忧伤。

★害怕被遗弃,内心总是潜藏着一种被遗弃的感觉。

★能够感同身受,对别人的痛苦具有深层且天赋的同情心,会立刻抛开自己的烦恼,去支持和帮助在痛苦中的人。

★依靠情绪、礼貌、华丽的外表和高雅的品位等外在表现来支撑自己的自尊。

★常说一些抽象、幻梦的比喻,让别人听不太懂其隐喻。

★好幻想,惯于从现实逃到自己的幻想中。

★对于已经拥有的,只看到缺点;对于那些遥不可及的,却能看到优点。这种变化的关注点加强了被抛弃的感觉和缺失的感觉。

★对人若即若离、捉摸不定、我行我素却又依赖支持者。

★一旦爱上一个人,会表现得特别缠绵热烈,会刻意用各种方法引起伴侣的关怀,或利用离离合合的手段,借以掌握关系中的主导权。

★对不合自己心意的人,会表现出拒人于千里之外的态度,和不熟的人交往时,会表现沉默和冷淡。

★不愿意接受"普通情感的平淡",需要通过缺失、想象和戏剧性的行动来重新加固个人的情感。

★不开心时,喜欢独处,独自承担寂寞和痛苦。

4号性格的基本分支

4号喜欢关注自己的感情世界,尤其喜欢关注自己的爱与失。在他们看来，只有当两颗心相遇时，产生了爱，他们才会感到自己是完整的；相反，他们则是残缺的，他们会因为自己的残缺而感到痛苦，这种痛苦主要表现为忧郁。但4号并不以忧郁为苦，反而认为这种因缺失而产生的忧郁具有强大的吸引力，促使他们用情感填补内心的空缺，并与他人建立联系，总之，他们在快乐和悲伤中探寻世界。

4号过于关注自己的情感，使得他们对情感中的快乐和悲伤有着强烈的独占心理，因此当他们看到别人在享受他们渴望的快乐时，嫉妒之心就会油然而生，如同插在心口的一把尖刀。这种嫉妒心理会推动着4号去寻找他们认为可以让人快乐的事物，比如金钱、独特生活方式、公众认可等。然而，当他们真正获得了这些东西时，他们又会拒绝，因为他们又发现了新的快乐。4号不断产生的嫉妒心促使他们无止境地追求快乐。这种矛盾心理往往突出表现在他们的情爱关系、人际关系、自我保护的方式上。

1. 情爱关系：竞争

4号性格者喜欢表现自己的独特，他们希望自己在伴侣眼中是独特的、不可取代的，这其实就是一种比较心、好胜心的体现。为了凸显自己的独特，他们不得不让自己随时都处于竞争状态，要把自己的对手赶走。因此，在4号的恋爱关系中，常常会出现两个女人争夺一个男人，或者两个男人追求同一个女人的情况。总之，竞争让他们充满能量和活力，并能保证让他们远离忧郁和沮丧。

2. 人际关系：羞愧

人际交往中，4号常常会遇到比自己优秀的人，这就激发了他们内心中的缺失心理，他们就只会关注别人具有而自己没有的优点，这就容易使得他们产生一种羞愧感，变得没有自信。这种缺乏自信的表现，通常是基于过去曾经发生的遗失，而在幻想的催化下，自己的缺失仿佛被他人获得，生活的乐趣也因此被他人享受了。这时，羞愧的4号就会陷入深深的自责中，认为自己一无是处。因为他们深信：一个有价值的人是不会被他人抛弃的。

3. 自我保护：无畏

当4号感到自己没有价值时，他们一方面会变得忧郁，在希望和失望中挣扎不休，一方面又会铤而走险，努力去体现自己的价值。这时的他们，心中只有一个念头：生存就是要不顾一切地获得让自己满意的事物。也就是说，为了追逐一个梦想，可以忽略基本的生存需要，可以通过极度冒险的方式来实现梦想的生活。如果在实现梦想后，4号心中又产生了不满，他们还可能摧毁一切，重新再来。总之，这种类似在悬崖边上跳舞的冒险生活反而会让他们感到解脱，为平淡的人生注入意义和活力，嫉妒心也会在奢华的生活、有意义的对话和优雅的环境中消失殆尽。

4号性格的闪光点

九型人格认为，4号性格的人有着许多的闪光点，下面我们就来具体介绍：

1. 富有同情心

4号天生富有同情心，他们对于苦难有一种与生俱来的熟悉感，他们特别适合与那些处于危难或悲伤中的人一起工作，因为他们身上有一种独特的毅力，愿意帮助他人走出激烈的情感创伤，而且愿意长时间地陪伴在朋友身边，帮助朋友疗伤。总之，他们不仅会锦上添花，更会雪中送炭。

2. 极高的敏感度

4号因为注重对自身情感的剖析,因此他们具有很好的敏感度,能轻易发现每一件事物内在的生命力,因此他们善于发现商机,掌握信息,往往能在别人未出手之前就出手,从而大获其利。

3. 甜蜜的忧郁

4号喜欢体验生活中悲伤的一面,他们并不将忧郁视为消极影响,而是将其看作生活中的调味剂,认为忧郁的感觉有着不可抗拒的魅力。对4号来说,体会忧郁才能探索人性的奥秘。他们能够通过体验忧郁来逃避由失落感和苦恼而产生的压力,唤醒自己的想象力,感受情感的细微变化,从而与远方的某种事物建立了联系,让他们的生活得到升华。

4. 痛苦的创造力

4号享受痛苦的感觉,认为这是一种创造力的表现。他们喜欢在痛苦中创造,就好像一个艺术家宁可忍饥挨饿,也不愿出卖自己的作品来换取舒适的生活,因为痛苦让他们感到生命的本质,调动他们内心的张力,而艺术创造则把这种感悟表现出来,使之具有更直接的意义。

5. 不断涌现的灵感

4号喜欢沉浸在自己的感觉世界里,经常一不留神就会灵魂出窍,开始天马行空的想象。这种想象使得他们灵感不断,能够去把一些不相关联的事情联系起来,创造出新鲜独特的东西。一般来说,4号习惯以直觉和创造性带领工作,并以个人风格和深度来丰富他,他们的一切都是凭借感觉自然形成。

6. 唯美的品位

4号对感情世界的关注,就使得他们具有良好的审美眼光,讲究品位，容易被美的事物吸引，并爱用美的事物来表达自己的感情，同时他们也善于美化环境，无论是对自己的着装，还是房间的布置，他们都着重突出高尚的趣味和优雅的姿态，并兼具浓烈的个人风格。

7. 追求无止境

4号具有较强的缺失感，他们总是看到别人身上的优点，总是不断地不断追求新事物来寻找快乐，填补内心的缺失。哪怕他们已经功成名就，他们的注意力仍旧朝向生活中失落的、不完美的部分，始终不满足现状，于是他们便无止境地追求。

4号性格的局限点

九型人格认为，4号性格不仅有许多闪光点，也有许多局限点：

1. 过于专注自己的内心

对于4号性格者来说，深刻的情感是他们精神的支柱，他们非常注重自己的体会，宁可去感受一件消极的事情，也不愿意什么感觉也没有。他们常常把自己和自己的感觉画上了等号，当他们感觉不好时，他们就会否定自己的价值，让自己变得不切实际，不事生产，甚至走向自我毁灭的道路。

2. 自我沉醉

4号喜欢将自己从现实中脱离出来，沉迷于自己的想象中。因为他们想要了解自己，认为不了解自己就不知道自己生存在世界上的目的，就无法去发展创造力；但是他们又害怕了解自己。他们害怕了解自己后，发现自己并不独特，就容易自我憎恨、自我折磨，所以在面对自己时，他们非常胆小，容易逃离到幻想的世界去。

3. 易受负面情绪影响

4号过于关注情感中负面的事物，比如悲伤、失败等，他们容易受负面情绪影响，在做事时给予自己失败等负面暗示，从而让自己活在负面期待的世界里，容易导致4号的失败。而一旦失败，4号就开始否定自己的价值，开始封闭自己的内心，陷入无止境的自责之中。

4. 害怕被遗弃

4号心里潜在这样一种感觉：如果自己毫无价值，就要面临被遗弃或者已经被遗弃的命运。因此，他们往往把第一次被遗弃感投射到所有关系中，只要交往过程中哪怕碰到极小的难题，或者自己预见到会被拒绝，就会立即推开对方。

5. 容易质疑自己

4号追求自我的独特，因此他们早在童年时期就不被周围人认同，被贴上"任性""无纪律"等负面评价标签。当他们面对的否定多了，他们对自我的评价也不高，会不信任自己，同时又觉得别人并不了解自己，这种累积的怨愤一旦发泄出来，便不可收拾，造成4号的质疑心理。

6. 自我封闭

4号害怕被遗弃，因此他们常常生活在别人舍他而去的惶恐中。因此，当他们遇见糟糕的事情时，痛苦会比别人久，生命被哀伤掩盖，复原的过程非常缓慢。为了避免这种没完没了的担忧，4号不得不封闭自己，尽量维持一种自给自足的生活状态，减少对他人的期待，也就能减少被遗弃的机会。这常使得4号生活在封闭的自我世界里，难以客观地看待自己和世界。

7. 情绪化

4号关注感情,又厌恶平庸和单一,因此他们喜欢感情的起伏,而且总是表现得比实际夸张许多,这常常导致他们情绪的低落或兴奋,沉湎于大起大落的情感。这常常给人以不成熟、办事不牢靠的感觉。

8. 自我摧毁

4号带有强烈的悲观情绪,因此他们总是喜欢破坏现有的成就,极端地把小问题放大,将他人身上的任何小毛病视为不能容忍的刺激,这些都容易导致4号的愤怒情绪,从而做出自我破坏、自我摧毁的行为。

4号发出的4种信号

4号性格者常常以自己独有的特点向周围世界辐射自己的信号,通过这些信号我们可以更好地去了解4号性格者的特点,这些信号有以下4种:

1. 积极的信号

4号是天生的艺术家,他们把自己的生活看成是一种艺术,他们通过艺术的手法来表现生活。而艺术是需要激情的,因此他们不断发掘自己内心深处的感知,追求灵感的不断涌现。而且,他们也会要求身边的人关注自身的感觉,想要带领他人进入情感的最深层面,让他人让你被丰富的情感所包围。总之,4号对情感的关注使得人们更关注自我的内心,更容易寻找到自己的本体。

2. 消极的信号

4号关注情感的黑暗面,常常让自己沉湎在忧郁的情绪中,这时他们的态度就容易忽冷忽热,他们的讽刺、拒绝让对方受到伤害。4号的伴侣必须能够在这种不断重复的危机中迅速恢复自己的心情,否则就会陷入悲观情绪的危机中。

3. 混合的信号

4号因为同时关注情感的光明面和黑暗面,因此他们的情感常常很矛盾:爱与恨可以同时出现。当这种情况发生时,4号变得难以捉摸。他们喜欢情感关系中符合理想的那一部分,同时拒绝其他不符合的内容。也就是说,他们在把一段情感理想化的同时,又非常害怕遭到抛弃。因此他们总是给人若即若离的感觉,容易让对方收到混合的信息。他们这种不负责任的行为常常破坏彼此的亲密感和信任感。

4. 内在的信号

4号内心存在强烈的缺失感,因此他们总是渴望获得他们失去的东西,嫉妒由此而生。他们总是会想:"如果我的生活能够有所不同,如果我丈夫的表现能够有所改变,如果我的身体能够更好一点……我就会快乐起来。"总之,4号永远在关注他人的快乐,而看不到自己的快乐,因此他们总是不满足,这种不满足感就会迫使他们忙碌追求不适合自己的东西。这时,只要4号能够转移自己的注意力,多关注自己所拥有的,学会珍惜当下的幸福,嫉妒就会消失。

总之,4号过于关注自身情感的性格特征常常使得他们忽略了现实生活的真实,容易导致他们形成片面、狭隘的世界观、人生观、价值观,沉湎于自己想象出来的虚幻世界,但又不能完全脱离现实,在这种幻想和现实的不断转换中,4号极容易精神崩溃。

PART 02
我是哪个层次的4号

第一层级：灵感不断的创造者

　　处于第一层级是富有灵感的创造者，他们最能从潜意识中找到动力，激发自己的创造潜力，随着不断涌现的灵感，他们往往能制造出新鲜独特的产品。

　　他们关注自己的感情世界，他们学会了倾听自己内心的声音，同时能以开放的心灵从环境中获得启示。更难得的是，这种能力并非通过后天培养形成，而是他们的先天优势。他们能够在没有自我意识的情况下行动，如果他们有天分且受过训练，就能在值得称道的艺术作品中赋予他们的潜意识冲动以一种客观的形式。

　　他们关注自我，但超越了自我意识。也就是说，他们获得了根本意义上的创造自由，能带给世界全新的东西。尽管灵感来无影去无踪，但4号总能保持源源不断的灵感，这是因为4号在超越自我意识的基础上开启了通向灵感的道路，从而使自己能够从历数不尽的源头中汲取灵感，通过潜意识过滤新的经验素材。一旦拥有了这种能力，4号就能把所有的经验甚至是痛苦的经验转变成美的东西。

　　他们能够真实地面对现实世界，并积极乐观地拥抱生活。他们不再执着于生命的缺失，也不会局限于既有的经验，而是让自己学着对生活说"是",向生活更多地敞开自己、展示自己,这样他们就能时刻体验到更新的自己,他们真正的认同便可以逐渐地、无声无息地被揭示出来。而从心理学角度来说,能够不停地更新自我,这正是创造力的最高形式,是一种"灵魂更新",是一个人心理发展的高级阶段。

他们追求独特,却并不轻视平凡,他们能以普遍的方式表达个人的东西,能赋予个人的东西以意义,使其在他人那里激起回响,而当他们创造时,这种意义又是他们所意想不到的。也就是说,他们超脱了形式主义的创新,激发了灵魂深处的创新意识,从而使得他们能够将有关自我和他人的许多知识都能变成一种灵感,这灵感是自发、完整和突然出现的,超越了意识的控制。也就是说,当他们享受平凡时,反而不平凡。

第二层级:自省的人

处于第二层级的4号天生有着自省的意识,他们能够在探索自己内心情感的过程中时刻保持清醒,将现实与想象区分开来,但又将两者融合到一起,创造出新奇的事物。

创造是一个过程,而不是一个结果。因此当人们从受到灵感激发的创造性时刻清醒过来,去进行反思或享受其创造力的时候,他们就会失去维系创造力所必需的那种潜意识。由此可见,受到灵感激发的创造力只能在创造行为中通过不断地超越自我意识来维系。这需要不断地、每时每刻地更新自我。这个层级的4号因为开始担心他们无法在持续的情感与想法的转变中找到自己,无法定位自己的身份,因此他们开始自我反省,而不是任由自己的经验放任自流。

他们喜欢探索内心深处的感知，时常问自己：我是谁？我的生活目标是什么？为了获得这些答案，4号不得不将注意力转向自己的内心情感和情感反应。这既给4号带来了直觉的天赋和丰富的内心生活，但也给他们带来了一个问题：如何在多变的情感中创造出一种稳定的身份？而随着对这个问题的深入研究，4号就容易陷入情感的旋涡之中，使得他们不再拥有自己的情感，而是被自己的情感所拥有了。

4号在自省自己的情感时，会使得自己自发地远离自己的环境，因为在他们看来，对情感的自省可以使4号把他们感觉到的自己与其他一切事物之间的距离作为更清晰地了解自己的有效工具，在一定程度上帮助自己去彰显自己，尽管这收效甚微。

他们凭借直觉来感知自己，了解他人是如何思考、感受和看待世界的，因此他们常常是敏感的，他们不仅对自己很敏感，对他人也很敏感。而且，敏感能帮助4号更好地感受直觉，因为直觉不是那种无用的、杂耍式的心灵感应术，而是借助潜意识来感知现实的一种手段。它就像在一个漂流到意识岸边的瓶子里接收到信息一般。

第三层级：坦诚的人

处于第三层级的4号十分擅长表达自己的感受，他们是所有人格类型中最直接、最坦诚地向别人袒露自己最私人部分的类型。他们不会给自己戴上面具，也不会隐藏自己的怀疑和软弱，不管其情感或冲动是多么的不体面，他们也不会欺骗自己。

他们喜欢利用直觉来感受与自己有关的一切事物，并愿意将这种感知传递给他人。他们认为，对于自己是何种人这个问题而言，这些东西的出现并非偶然，而是反映了自己的人格真相。如果他不把自己好的方面和坏的方面、怀疑的东西和确定的东西全部向别人说清楚，他们会觉得对别人不够诚实坦白，别人也就无法真正了解他们。

由于他们全身心投入到探索自身情感世界的活动中，所以他们能够怀着赞赏和同情之心倾听他人的话语。

这个阶段的4号人物，诚实胜过一切，即便情感的坦诚很可能会激怒他人，有时会让他人陷入窘态，他们也会毫不犹豫地选择诚实。在他们看来，诚实是他们的人性典范，是每个人都看重的信息，因为每个人都是独立的个体。

他们能够正确认识自己，因此他们能够坦然接受自己性格中的黑暗面，也愿意经受痛苦的磨炼，接受他人情感的考验，不会轻易因为他人的"揭露"而心理不平衡。他们很有幽默感，因为他们能根据生活中的诸多问题来看待人类行为中的荒谬和不合理。他们对人性有一种双重观点：他们可以同时看到恶魔和天使、卑贱和高贵存于人类之中，尤其是存于自身之中。但他们并不认为这不协调，更不因此而矛盾、痛苦。

他们能够看到自己的独特性和唯一性，但他们也知道自己在生活中是只身一人，是一个独立的意识个体。从这个观点看，健康状态下的4号不仅是个人主义者，而且是存在主义者，总把自己的存在看作是个体性的。

第四层级：唯美主义者

处于第四层级的4号有着丰富的想象力，并有着独特的审美意识，能够将自己的想象与现实很好地融合起来，制造出独特的美感。

处于这个阶段的 4 号的直觉能力大大下降，他们已经不能长久地维持自己的情感、印象和灵感这些作为其同一性之基础的东西，他们的灵感不再源源不断，而是偶然涌现，这让他们产生强烈的危机感。为了缓解这种危机感，他们开始用想象力来激发情感，支撑某些他们认为可表达真实的自己的情绪。长此以往，就容易使 4 号陷入对想象的执迷中。

他们的创造力更多突出个体性，他们自己具有艺术家气质，是与众不同的，因此他们寻求各种方法进行自我表达，但因为忽略了普遍性，所以他们的作品很少是自发性的，也很少有连贯性。而且，他们的精力大部分用于创造一种模式，他们认为自己能从中获得灵感，所以其作品是偶然的。总之，他们的创造力大多数只会停留于想象领域。

对于没有能力创造艺术作品的 4 号来说，他们会努力渲染自己的艺术氛围，力图让环境变得更加美观，例如，把家装饰得有品位一些、收藏艺术品，或是注重衣装。也就是说，4 号对美都有一种强烈的爱好，因为审美对象可以激发他们的情感、强化他们的自我。总之，当他们置身于一种神秘的和浪漫的氛围时，他们感到最为自在。

他们过度沉迷于想象力的美感中，从而逐渐将注意力从现实中转开，用自己的幻想来修正世界。他们想把自己寄托于强烈的情感、抒情式的渴念和暴风雨般的激情，以此来提升自我感觉，让自我的感觉保持鲜活。因此，4 号总是将注意力驻足于自然、上帝、自我或理想化的他人，再不就是这些东西的结合，并在这些东西上找寻预兆和意义，或是执迷于死亡和万物的消逝，从而使自己完全堕入一个想象的虚幻空间，忽略现实世界的真实，也就陷入了主观主义的误区。

第五层级：浪漫的梦想家

处于第五层级的 4 号在偏离现实的道路上更进一步，他们越发重视想象力的美化作用，他们也越来越沉迷于培植有关自身与他人的情绪和浪漫幻想，他们已经开始出现唯心主义的倾向。

他们开始将自己从现实生活中抽离，更多地投入到想象的世界中去，他们变得自我封闭起来，因为他们开始认为，与世界尤其是与他人太多的互动导致自己创造的脆弱的自我形象走向了解体，他们担心他人会因此耻笑自己或用别的各种方式使他们变得与想象中构想的自我形象全然不同。然而，在想象的世界里，不存在这些问题。

他们开始变得缄默、害羞、忧郁，且极端的个人化，有着痛苦的自我意识。因为注重情感的 4 号比其他人格的感受更为精细和复杂，他们想要别人了解自认为真实的自己，但又担心自己会受到羞辱或嘲笑。因此他们开始回避与人交往，不愿冒出现情感问题的风险同别人交谈。但是另一方面，他们也在不断寻找同伴——有着亲切的心灵的个体，同时排除那些不会分享他们感受的个体。当 4 号发现某个人可以理解自己的时候，他们会尽情倾诉自己的内心，同他促膝长谈，彼此交流，以激发更多的灵感和创造力。

他们开始内化所有的经验，因而任何一件事似乎都与其他事相关联。所有新的经验都会影响到他们，把相关联的意义汇集在一起，直到每件事都被赋予过多的意义，充满了任意的连接。但是因为此时的 4 号已经开始失去与其情感的联系，因而觉得自身内部一切永久的东西都是混乱、模糊的，没有稳定感。

他们喜欢自我冥想，因为他们的情感很容易受实际的或幻想中的小事影响，所以他们又极其情绪化。他们在做任何事前总是先反省自己的情感，看自己有什么感觉，等待心情平复后再采取决定，然而他们根本不知道他们的心情何时会平复，所以事情最终或是毫无进展，或是得非所愿，根本没有从中得到快乐。

第六层级：自我放纵的人

处于第六层级的4号开始有自我放纵的倾向，当他们遭遇现实生活中的痛苦时，他们不仅不会主动寻找解决的方法，反而会退缩到自己营造的那个想象世界里寻求心理安慰，尽管这种心理安慰只是暂时的。

4号一边沉醉于想象世界的美好中，一边又为现实生活中的痛苦而困扰，夹杂在这种痛苦和欢乐之中，4号常常觉得自己很受伤，无法自我肯定。当他们发现这两种情绪无法很好地融合时，他们就会为自己找借口：我是独特的，我的需求就该以不寻常的方式来满足。于是他们以放纵欲望、为所欲为来补偿自己。他们觉得自己是规范的例外，是期望的例外，完全放任自流。结果他们变得完全地不受约束，在情绪与物质的享受上彻底地放纵自己。

4号不愿意接受生活的平庸，他们瞧不起普通人的生活，他们不愿意做按部就班的工作，不愿意做饭或打扫卫生，不愿意让自己卷入任何形式的社交或群体事务。而且，他还时常利用自己独特的审美感觉来抨击他人的平庸，侮辱和蔑视那些无法欣赏他们所欣赏的东西的人，这常常给人以自高自大的恶劣印象。

他们具有极强的个人主义思想，觉得自己与众不同，因此不愿和他人按相同的方式生活，完全无视社会习俗规范的约束。他们没有任何社会责任感，不为任何事着想，还拒绝所有的义务和责任；当他们受事情或他人所迫时，就会变得非常暴躁。他们或是以自己的方式、进度来做事,或是干脆什么都不做,并为这种自由感到骄傲。也就是说,他们已经完全偏离了大众轨道。但这种自我放纵并不能满足真正的需求,只能满足短暂的欲望,只会使4号在错误的道路上走得更远。

但当他们发现这种自我放纵并不能为自己带来金钱、地位等成功因素时,他们就会通过感官的满足来压抑过分敏感的自我所带来的不愉快。

第七层级:脱离现实的抑郁者

处于第七层级的4号因为长期的自我疏离而开始产生抑郁症症状,他们性格中的悲观情绪开始被放大,他们感到自己的价值在逐渐丧失,这让他们产生了莫大的恐慌感,而这种恐慌感则进一步加重了他们的抑郁心理。

一般状态下的4号因为长期沉湎于自己的想象中,因此对于现实中的痛苦和挫折的心理承受能力大大降低,一旦他们的想象与现实生活发生冲突,他们就会感到自己的梦想被破坏,他们会突然觉得和自己隔绝或分离了。他们已经完成的和没有完成的事情现在都回到了原点,他们突然"螺旋式地进入"自己的某些核心之中,使他们既感到震惊,又想保护自己免于再失去其他的东西,但他们又发现自己"有心无力",因此常常陷入长时间的痛苦折磨中,滋生抑郁心理。

这时的4号对自己所做的任何事情都感到生气,他们认为自己浪费了宝贵的时间,失去了宝贵的机会,并在几乎每个方面,如个人、社交和职业方面,都落在了人后,这让他们深感羞愧。他们嫉妒别人,任何一个看起来快乐、有建树、有成就的人都是他们嫉妒的对象，尤其是当那些成就是4号无法达成时，他们更感到深沉的悲哀，更痛恨自己，感觉自己就像斗败的公鸡，没有做出任何有价值的事情，并害怕自己永远也不会做出什么有价值的事情。

为了不再做让自己生气的事情，4号开始在潜意识里压抑自己，让自己不能再有任何有意义的欲望，因为他们不想再受到伤害，尤其是因为对自己有渴望和期待而受伤害，可结果却突然封闭了所有感情，好像生命突然脱离了肉身一样。所有曾经在创造性的作品中发现的自我实现，曾经有过的梦想与希望，突然间全都消失了。他们转眼间变得精疲力竭、冷漠，与自己和他人隔绝开来，沉浸在情绪的麻痹中，几乎无法正常生活。这时的4号连自我放纵也难以做到了，因为他们根本无法让自己专注于任何事情。

这时的他们会变得极端暴躁，容易产生敌对情绪，开始觉得所有的人都在和自己作对。他们对家庭、朋友、世界和自己都满怀愤恨，认为自己的问题肯定比任何人都糟糕，从而陷入深深的绝望中。

第八层级：自责的人

处于第八层级的4号抑郁的症状愈发严重，他们开始害怕会因为自己的抑郁及能力尽失而步入灭亡。因此，他们对自己的失望最终转化为消磨生命的自我憎恨，从而期望通过对自己的精神折磨来拯救自己。

他们陷入深深的自责之中，时刻都在谴责自己，他们开始以绝对的自我鄙视来对抗自己，只关注自己不好的一面，对每一件事都进行严厉的自我批评：以前犯的错、浪费的时间、不值得被人爱、没有体现作为人的价值。当他们被这些强迫症式的负面想法紧紧抓住,他们的人生也倾向于负面发展状态,只会使4号在自责的痛苦中越陷越深。

他们丧失了自尊,完全没有自信,也不再期望自己能获得成功,也就是说,他们对人生的追求已降到了最低——生存。在他们看来,他们的世界是黑色的,是完全没有希望的,这让他们感到心烦意乱,却不能把自己从蚕食性的自责与无助感中摇醒。他们可能独坐几小时,内心几近窒息,饱受痛苦的挣扎。他们会突然潸然泪下,不由自主地哽咽起来,然后又陷入更寂静、更深的痛苦之中。

既然他们已经对生活不抱任何幻想,他们已觉得自己丧失了价值,为了逃离这无止境的痛苦,他们往往会选择毁灭自己,利用各种方式来破坏自己残存的一点点机会,比如对朋友和支持者施以非理性的指责,使他们都远离自己。尽管他们在内心深处渴望有人来拯救自己,但他们又不相信有这样的人存在,即便存在,也不会愿意来拯救他们。此时,他们的幻想已成为一种病态,一种对死亡的迷恋,如果有人能结束他们的生命,他们不仅不会怨恨,反而可能会感激对方。

第九层级:自我毁灭的人

处于第九层级的4号已经完全丧失了生活的信心,他们开始用各种方式来毁灭自己。对于他们来说,死亡并非痛苦,而是最好的解脱。

他们已经完全陷入负面情绪的泥潭中,他们比任何时候都更憎恨自我,世界上的每件事情——正面的、美丽的、好的、值得为它而活的事情——对他们而言都变成了一种谴责，他们无法忍受余生还要以此种方式度过。他们必须做些事来逃避这种残酷的负面的自我意识。而他们在尝试心理治疗失败后，就会觉得自己被人生打败了，就会选择毁灭自己来逃脱这些痛苦的折磨。

他们开始将自身悲惨的命运怪罪于他人，怪罪于整个社会，他们希望通过自己的死来表达他们对社会的谴责，谴责他人不了解他们的需要、不给予他们足够帮助、不知道回应和化解他们的谴责，总之，他们要把自己所承受的痛苦都加上别人身上，以获得报复的快感。

在这种报复心理的影响下，他们也可能做出伤害他人的犯罪举动。总之，此时的4号已经陷入无所畏惧的疯狂状态，极易做出伤人伤己的毁灭性行为。

PART 03
与 4 号有效地交流

4 号的沟通模式：以我的情绪为主

在人际交往中，4号更关注自己的需求，他们以自己的情绪为主导，跟着自己的感觉来说话，而不去考虑环境、倾听者的性格等个性特征，因此常常使得听他们说话的人经常听不懂，闹出"牛头不对马嘴"的笑话来。

《福布斯》杂志上曾登过一篇名为《良好人际关系的一剂药方》的文章，其中有几点值得借鉴：语言中最重要的5个字是："我以你为荣！"语言中最重要的4个字是："您怎么看？"语言中最重要的3个字是："麻烦您！"语言中最重要的2个字是："谢谢！"语言中最重要的1个字是："你！"那么，语言中最不重要的一个字是什么呢？是"我"。

许多人在说话中总是"我"字挂帅。美国汽车大王亨利·福特曾说："无聊的人是把拳头往自己嘴巴里塞的人，也是．我．字的专卖者。"商务交谈时，如果你在说话中，不管听者的情绪或反应，只是一个劲地强调"我"如何如何，那么必然会引起对方的厌烦与反感。谈话如同驾驶汽车，应该随时注意交通标志，也就是说，要随时注意听者的态度与反应。如果"红灯"已经亮了仍然往前开，闯祸就是必然的了。

一旦4号因为过于表达自我情绪而遭遇人际僵局，受到人们的嘲笑和抱怨，他们便会感到自己的独特不被理解，感到很受伤，他们会选择保持沉默，不再与人进行交流，以避免类似的伤害。因为4号认为，语言很苍白，他们希望别人能够不需要语言就读懂他们。这样才有意思，如果什么都说出来，那就没意思了。所以，4号很多时候都推崇潜意识的沟通方式。但大多数人难以理解4号的这种沟通方式。因此，4号常常被迫封闭自己。长此以往，他们就容易陷入抑郁症的旋涡中。

为了避免自己陷入抑郁症的旋涡，4号需要明白：并不是所有的人都具备极强的感应力，你要告诉他们你的感觉，而不是让他们去猜；同时，在讨论时要提防自己陷入情绪化的回应里。如果有必要，告诉人们你可能会过度情绪化，或是分散注意力，并请他们帮助你保持稳定。如果你觉得自己沉迷于情绪而不可自拔时，邀请人们帮助你开朗起来。

而人们在和4号的沟通中也需要理解4号的感性沟通方式，重视4号的感觉，也要让4号知道你的感觉、想法，并要根据4号的感觉做出相应的回应，以便给4号被关注的感觉，并帮助他们抒发情绪，走出情绪低谷。总之，人们不要老是以理性来要求他们、评断他们，听听他们的直觉，因为那可能会开启你不同的视野。

观察4号的谈话方式

4号内心充满忧郁感，因此他们在语言表达上比较温和，给人以娓娓道来的舒缓感和独特的美感。

下面，我们就来介绍一下4号常用的谈话方式：

★4号语调柔和，讲起话来抑扬顿挫，很容易带动人们的情绪，进入一个想象中的美丽画面。

★4号喜欢用柔美、哀戚的词汇。

★4号的语气总是透露出一股忧郁的气息，传递一种内心有深刻感悟的意蕴。

★4号的话题往往围绕自己展开，总在描述自己的感觉，尤其是那些悲伤、痛苦的感觉。

★4号最常用的词汇是：我、我的、我觉得、没感觉……

★他们说话时较少配合其他身体动作，但是有着丰富而快速的眼神变化。

★4号喜欢用形容词来表达自己的情绪，比如："今天的天真蓝啊！""水真绿啊！"

读懂4号的身体语言

当人们和4号性格者交往时，只要细心观察，就会发现4号性格者具有以下一些身体信号：

★4号身材适中或偏瘦，常常给人以单薄飘忽的感觉。

★4号站立、坐卧均以舒服为原则，不会刻意要求自己保持某种体态，因此常常做出不合礼仪规范的举动。

★4号注重自己的服装打扮，他们喜欢具有独特气质、显现高雅的服装，以使自己既张扬又简约表现气质，常常希望给人一种"众里寻他千百度，蓦然回首，那人却在灯火阑珊处"的冷艳感觉。

★ 4号说话时，他们的眼神会随着他们的情绪变化而变化，时而忧郁，时而极强，时而悲伤……

★ 4号喜欢突出自己的艺术感，因此他们尽量保持优雅迷人的形象。

★ 4号不喜欢被人关注，当感到有人关注自己时，他们常常自动整理身形来掩饰自己的不自然。

★ 4号不喜欢使用过多的身体语言，大多数情况下只是安静地坐在那里，倾听或冥想。

★ 当4号受到强烈的情感刺激时，他们也不会以突出的形体动作表达内心的情感，哪怕内心已经百感交集，外表依然波澜不惊，只是偶尔也会暗自啜泣。

★ 初见陌生人时，4号往往表现得很冷漠、神秘又高傲的样子。

★ 4号总是一脸不快乐、忧郁的样子，充满痛苦又内向害羞。

★ 4号在情绪、情感的体验上太过敏感，以致身边一草一木的变化都牵动他们的心，因此他们总是因为环境（包括人）的一点变化而产生一份情绪，体悟一次情感，因此他们的形体、情感夸张和变化快。

理解4号的忧郁

4号喜欢体验生活中悲伤的一面，他们并不将忧郁看作痛苦，而认为忧郁是生活中的调味剂，忧郁的感觉具有不可抗拒的魅力。因此他们从不回避忧郁或黯淡的情感，而是将其看作一种自然的心理状态，坦然地接受和理解。对于他们来说，体会忧郁才能探索人性的奥秘，因此他们常常通过体验忧郁来逃避由失落感和苦恼而产生的压力。

忧郁意识是一种更为成熟的生命体验。在忧郁体验里我们意识到痛苦、不幸等那些负面现象所具有的正面意义。忧郁意识的深刻之处就在于：它所悲哀的并非是一般意义上的生命流逝，而是生命必须（应该）这样流逝。因为它清楚地意识到只有这样，生命才能真正拥有其价值实现其意义，故而它在为生命流逝而悲之际也为其终于完成自身的历史使命而喜。所以雪莱说道："最甜美的诗歌就是那些诉说最忧伤的思想的，最美妙的曲调总不免带有一些忧郁。"

对于4号来说，忧郁感来自童年的缺失，是一种不幸的抑郁。这种感觉让人相信，他们始终处于苦乐参半的状态之中，他们所追求的，是他们所得不到的。4号性格者说，与普通人所说的快乐相比，他们更愿意接受这种强烈的忧郁。这种伤心的感觉能够唤起他们的想象力，让他们觉得和远方的某种事物建立了联系。对于感到被抛弃的4号来说，忧郁是一种情绪，这种情绪能让他们的生活得到升华，让他们感受到情感的细微变化。

既然人人都有忧郁，忧郁是人生中必不可少的修行，是自我发展中必须经历的阶段，那么我们就应该理解4号的忧郁，并像他们一样学着体验忧郁，进一步体验性格中那些黯淡悲伤的情绪，从而更客观、全面地认识自己，找到自己发展的道路。

第六篇

5号观察型：自我保护，离群

5号宣言：世界是复杂而危险的，我必须学会保护自己。

5号观察者关注自己的私密空间，喜欢安静、独立。他们总是带着距离体验生命，他们超脱于生活，着意控制自己的情绪，不被事务和人际关系羁绊。相对于行动而言，他们更喜欢观察，喜欢理性地思考，对知识和资讯尤为热爱。这使得他们难以意识到自己内心的情绪，也无法向他们表达内心的感受，常常成为孤独的观察者。

PART 01
5号观察型面面观

5号性格的特征

5号十分注重他们的内心世界,他们希望自己成为一个思想者。因此他们喜欢安静、独立,关心自己的私人空间,喜欢独处。在他们看来,精神上的思考比行动更为重要,因为他们认为世界是复杂的,它会侵犯5号的隐私,因此5号只需要躲在自己的私人空间里,就可以认识外部世界,也可以保护自己,回归自我。总之,5号常常给人以"冷眼旁观"的感觉。

5号的主要特征如下:

★安静,不喜言辞,欠缺活力,反应缓慢。

★百分百用脑做人,刻意表现深度。

★注重个人的私密性,不喜欢他人窥探自己的隐私,当感到威胁时,会选择撤退或系紧安全带。

★当别人企图控制他们的生活时,会很愤怒。

★害怕与人相处,不喜欢娱乐活动,宁可埋首工作及书堆,感觉比较安全。在人际关系上显得比较木讷和保持理性的状态。

★社交活动大都是被动的,总是由别人主动。

★重视精神享受，不重视物质享受。

★认为世界是理性的，害怕用心去感觉。

★希望能够预测到将要发生的事情。

★是一个理解力强、重分析、好奇心强、有洞察力的人。

★习惯情感延迟，在他人面前控制感觉，等到自己一个人的时候，才表露情感。

★分不清精神上的不依赖和拒绝痛苦的情感封闭。

★过度强调自我控制，把注意力从感觉上挪开。

★把生活划分成不同的区域。把不同的事情放在不同的盒子里，给每个盒子一个时间限制。

★对那些解释人类行为的特殊知识和分析系统感兴趣。希望找到一张解释情感的地图。

★喜欢从一个旁观者的角度来关注自己和自己的生活，这将导致与自己生活中的事件和情感隔离。

★喜欢独自一人工作，相信自己的能力，也很少寻求他人的意见和协助。

★虽然有时退缩及不愿意支持别人，但在别人要求时，会帮别人仔细分析，且条理分明。

★自我满足和简单化。

5号性格的基本分支

5号性格者注重个人的隐私与独立，为了保护自己的私人空间不受打扰,他们喜欢独处,很少外出,只与外界保持有限的联系。他们与心灵做伴,从中获得无穷尽的快乐。但是,即便是隐居的生活,也需要一定的物质必需品和情感必需品做支持。因此,当5号感到缺少了某样必需的东西,他们就会想方设法把这样东西弄到手。这时的他们,表现出强烈的贪婪特征。而这种贪婪将会影响5号对情爱关系、人际关系和自我保护的态度。

1. 情爱关系：私密

大多数时候,5号为了保护秘密,宁愿忍受分离的痛苦。因为长时间忍受寂寞,使得他们内心极度渴望那些短暂、激烈而极具意义的相遇,他们渴望寻找到知己:那些极少数能够分享他们的秘密的人。也就是说,5号喜欢的是私人顾问、个人空间、秘密爱情。因为在和这些人的交往中,5号能够通过与对方交换隐私来获得一种私密的联系,更能通过非言语的亲密性接触,从而使自己感觉到一种秘密的联系。

2. 人际关系：图腾

一个部落的图腾象征着自然力量的神圣和人类力量的有限。它们是包含了远古信息的符号,还是能够把大众联系在一起的神秘焦点。5号性格者希望与具有共同特征的人保持联系,这种共同特征就像一个部落中共同信奉图腾一样,他们希望为这个圈子里的人提供建议,也希望从中获得建议。这种对图腾的信奉也可以发展成对特定知识的探寻,比如对科学公式或其他深奥理论的研究。

3. 自我保护：城堡

5号十分注重自己的私密性,他们渴望建立一个私密的空间里,他们能在此休息、思考,周围都是他们熟悉的物品。在这个地方,他们感到安全,他们能够躲避来自外界的侵犯,并在这个充满记忆和象征性物品的天堂里整理自己的思绪。为了维持这个独立空间,

5号会收集所有他们需要的东西来保证他们的自由,并尽量克制自己的欲望,过节俭的生活。他们能从节制中获得快乐,他们喜欢做一件事情耗费的资源越少越好,因为这样他们就不必担心要去请求他人。

5号性格的闪光点

九型人格认为,5号性格的人有着许多的闪光点,下面我们就来具体介绍:

1. 精神重于物质

5号对物质要求不高,他们不注重衣着,认为这些都是身外之物,与生命本身没有什么关系。而且,他们认为过强的物质欲望容易加深内心的空虚,只愿意利用金钱来保护个人隐私、获得良好环境和自由支配的时间,而不愿利用金钱去获得其他物质享受。

2. 敏锐的知觉力

5号具有敏锐的知觉,并能够一边运用知觉,一边提出正确的问题。他们总能透过事物的表面,看到核心的问题及潜在的危险,并且能够整合已存在的知识,找出看似无关的想象与问题的关联,从而很好地预测未来的发展。

3. 极强的专注力

5号喜欢思考,他们总能够集中注意力,全神贯注于引起他们注意的事物上,并能看清事物的真相。

4. 极强的分析力

5号精通心智的分析,他们喜欢对世事进行系统的剖析。他们总能够冷静地去观察和思考事物,并研究问题,从而做出最公平的认知。

5. 理性

5号喜欢克制自己的感情,因此他们不太讲究自身感受,身体语言不丰富,为人冷静,事事都会以理性角度来分析。他们喜欢把不同的人、事分门别类,凡事喜欢刨根问底,喜欢用逻辑分析、理性思考来解决人生的所有问题。

6. 以事实为导向

5号喜欢以事实为导向,总是把他们的心思集中在外在世界,"客观"是他们追求的目标,总是以冷静沉着、抽离的态度来窥探这个世界,从而发现别人不曾怀疑的问题。

7. 善做准备工作

5号认为准备不足或意外是非常可怕的,因此他们喜欢在做某件事前,设法收集所有相关信息,并预演一番,以便能及时应变。他们在表态或做出结论之前,已经进行了翔实的调查和周密的思索,甚至在思索中把每一个小细节都分别切割,一个个地单体分析后,再将其串联起来分析,感到万无一失后才公布于众。

8. 擅长规划

5号能够与人和事保持适当的距离,这样使得他们不会为琐事困扰,一下子就能抓住问题的本质。他们理性,不会冲动,总是尽可能地搜集所有问题的资料,注意研究,最后确定解决方案,建立真正细致的拓展蓝图。

9. 善于学习

5号喜欢学习,为拥有知识而兴奋。他们以兴趣为导向,对自己感兴趣的东西,不管这个东西能否产生实际的效用,他们都会一头扎进去,没日没夜地研究、探讨这个问题,直到找到他想要的原理或真相。

5号性格的局限点

九型人格认为,5号性格不仅有许多闪光点,也有许多局限点:

1. 过于看重知识

5号渴望知识,他们总是将注意力集中在对知识的追求上,成天埋首于书籍资料中。他们认为,有了知识就不会焦虑,就知道怎样去面对环境。但是,拥有再多的知识如果不能转化为行动的能量,那也只能是一种空泛的理论。

2. 行动力较弱

5号的思想很活跃,行动却比一般人迟钝。他们很少有实际行动,而且容易在行动的过程中中途放弃,工作上也时常犹豫不决,导致自己错失机会。总之,他们是"思想上的巨人,行动上的侏儒"。然而,有行动才能有结果,只有将心中的构想付诸实践,才能真正实现构想的价值。

3. 思考过度

5号习惯与自己的情感保持距离,因此他们总能冷静地考虑问题。即使他们处在困难或混乱的局面当中,他们也不会感到慌乱,依然可以清晰地思考,对事物准确地做出判断,但是,由于他们总是过度思考,常常导致他们延误了行动的先机。

4. 抽离自己

5号有着强烈的距离感，他们看人看事时都刻意保持一定的距离。他们总是将人际关系保持在一种抽离的状态，很少公开谈论自己的事，也不喜欢与人深交，更不喜欢陷入复杂的人际关系。总之，他们习惯在人群中抽离自己或抽离自己的情感，以扮演好"旁观者"这个角色。

5. 忽略感觉

5号崇尚理想，拒绝感性，因此他们害怕自己有太多情绪感受，认为这绝非做人做事的依据。因此他们不喜欢亲密的感觉，害怕情感的介入会打扰自己的情绪及思想世界，因此他们总在尽力控制自己，使自己的情绪冷漠、僵化。

6. 害怕冲突

5号不喜欢与人亲近，也就不喜欢处理人际关系。当他们与他人发生冲突时，常常会自动退缩回自己的内心世界，对他人的怒火不予理睬，这往往越加激发他人的愤怒情绪，导致情况的恶化。

7. 吝啬

5号为了维护自己的私密性，他们尽量减少与他人的来往，因此他们尽量克制自己的欲望，以使自己达到自给自足的状态。同样，他们不求人，也不希望被求，因此他们不愿意为他人花费自己的时间和精力，更不愿意和他人分享自己的空间和资讯，容易给人一种吝啬的感觉。

8. 贪婪

5号希望了解天下大事，以更好地掌控自己的私密空间，因此对时间、精力、资讯等个人资源表现出极大的贪婪特征，这种贪婪可以帮助他们获得独立生存的资源，也使得他们越发表现出一种自我中心的倾向。

5号发出的4种信号

5号性格者常常以自己独有的特点向周围世界辐射自己的信号，通过这些信号我们可以更好地去了解5号性格者的特点，这些信号有以下4种：

1. 积极的信号

5号追求独立，喜欢无拘无束的生活方式，因此他们对于亲密关系十分敏感，从不轻易陷入亲密关系中。但一旦陷入亲密关系中，他们自身丰富的知识与对现实深刻的分析则能为人们带来极大的快乐：他们博学，而且喜欢深思，是内心世界的遨游者；他们对自己的品位很敏感：节俭而唯美，他们擅长在简约房间里塑造精美的小细节，比如一个精致靠垫、一盘刀功精细的凉拌黄瓜丝；他们能在危机中保持镇定和冷静；他们是可以让他人放心倾诉的对象。

2. 消极的信号

5号喜欢营造距离感，因此常常给人以态度冷淡的感觉。在和5号相处的过程中，人们常常感觉自己与5号没有联系，被完全忽视了，这是因为5号要保护隐私的需求好像是在对他人发出拒绝的信号。因此，人们必须事事主动，这容易让人们感到负担。此外，5号的自我控制让人感觉他们是在储藏自己的时间、空间和能量，他们只和自己接触。他们给伴侣的感觉也是神秘而且高高在上的——聪明而傲慢，好像他们凌驾于所有情感之上，无须为自己做任何解释。这样的5号常常引起他人的反感，容易导致他人的疏离。

3. 混合的信号

当5号感到自身的私密受到威胁时，他们就会转向自己的内心时，他们会清楚地向外界传达"别过来"的信息，就好像把"禁止打扰"的指示牌挂在脸上一样。这时的他们往往抽离了自己的情感。但是当他们在扮演一个合适的社会角色，或者面对压力时，他们似乎又表达着自己的情感，这就使得人们难以分辨他们对感情的态度：5号是可以亲近的吗？其实，大多数时候，5号都习惯站在第三方的位置来观看自己与他人的亲密关系。

4. 内在的信号

5号习惯以兴趣为导向，当他们对你不感兴趣时，他们的能量会迅速从现实中撤走。他们把自己收回，这种表现十分明显，让你觉得尽管你们还在面对面谈话，但却好像是相隔十万八千里。如果你想唤回他们的活力，他们只会把能量向其他地方转移，直到你感到自己已经筋疲力尽。

总之，5号不喜欢在人际交往中投入过多的感情。当他们面对爆发的情感，5号往往不知所措。在没有准备好时，他们的大脑是一片空白，情感的浮现让思考变得困难，这让他们失去了稳定的基础。他们急需回到一个人的状态，找到一个安静的地方让自己冷静下来。比如，5号在遇到突然性的提问、身体接触或拜访时，会主动退缩到他们自己的空间里。他们只有知道要发生什么时，才会放松下来。也就是说，如果能够减少情感关系中的不确定因素，就能减少5号的紧张。

PART 02
我是哪个层次的 5 号

第一层级：有高度创造力的人

处于第一层级的 5 号是开先河的幻想家，他们有一种深广的参透和领会现实的奇异能力，能够总领万物的要义，从别人只看到虚无而混乱的东西中发现事物的规律，发现全新的事物。

他们拥有丰富的知识，并且能够综合自己已有的知识，在前人发现的看似无关的现象间建立起联系，例如，时空概念、DNA 分子结构，或是大脑中化学物质与人类行为之间的关系等。

他们往往具有艺术天赋，如果从事艺术事业，往往能够发展出全新的艺术形式，或以前所未闻的方式革新已有的形式。

他们具有深刻的洞悉现实的能力，他们能够发现单凭理论思考无法获得的未知真理，能够发现事物的内在逻辑、结构及相互关联的模式，能够准确地发掘真相。即使面对模糊的事物，他们仍能持有清晰的思考能力，甚至能够预见未来的发展，且常常能够先于他人证实这个发展。也就是说，在其思考天赋发挥到巅峰状态时，他们就像是先知。

他们不再用他们的心灵去防御现实，而是让现实进入到心灵中，以一种看似来自自身之外的洞察力去感知这个世界全部的复杂性和简明性，并完美地描述现实。他们能从已知的事物跳跃到未知的事物，清晰而准确地描述未知的东西，使新的发现与已知的东西完美统一，这就是他们的伟大成就。

这个层级的5号所表现出的高度创造力完全是不自觉的，他们在世界中不再感到紧张，而是如同在家一般的平和。这时因为他们已经超越了对无能和无助的恐惧，所以也就摆脱了对知识和技能没有止息的追寻。因此他们不再视他人和挑战为一种不堪的重负，而是能够敞开胸怀，抱着一颗同情之心运用自己的知识和才华，也就容易激发自身的创造力。

第二层级：智慧的观察者

处于第二层的5号是感知性的观察者，他们拥有卓越的智慧，能够透过事情的表面，很快地进入较深远的层级。

他们是心灵最为敏锐的人格类型，他们对每件事都非常好奇，因此他们对周围世界有很敏锐的观察力，能深刻地意识到这个世界的荣耀、恐怖以及不和谐的、无限的复杂性。

他们喜欢思考，并能够从中获得许多乐趣，当他们了解某件事物时，他们常常在心里反复咀嚼这一过程，品味自己的观念，这就是他们最大的乐趣。在他们看来，拥有知识、认识世界乃是最令人高兴的事，人、自然、生命、心灵本身都因此而快乐。

他们习惯以心理为导向，喜欢观察，如果观察到某个东西，也就是说被感官或心智所领会，他们就可以理解这个东西。一旦事情被理解，就可以掌握，进而5号就可以如愿地确信自己该如何行动了。

他们的洞察力相当敏锐，因为他们拥有不可思议的能力，能直入事物的核心，发现异常、奇妙但此前未注意到的事实或隐藏的因素，为揭开全部真相提供一把钥匙。由于拥有这种成功的洞察力，他们总是有有趣的或有价值的事情可以与人分享。

他们喜欢以专注的态度去深度了解世界，因此他们似乎是透过放大镜观察这个世界，人与物都巨细无遗地呈现在他们眼前。而且，他们以持续多年埋头于某一个难题，直到问题解决，或者直至明白该问题是无解的。

他们习惯跟着自己的好奇心和感知力走，他们不怎么关心社会成规，不想受到其他事务的妨碍，使自己没法从事真正感兴趣的事。即便这常常使他们成为别人眼中的"怪人"，他们也不在乎。

第三层级：专注创新的人

处于第三层级的5号是专注的创新者，他们变得对单纯认识事实或获得技能不感兴趣，而是想用所学的东西去超越以前已被探究过的东西，他们想要"有所推进"，不仅因为这是对他们能力的更大检验，也因为他们想为自己创造一小块别人难以匹敌的领地。

随着思考的深入，5号常常认为自己智力和感知力非凡，这时他们就开始担心自己会失去这敏锐的感知力，或担心自己的思考不准确。于是，他们开始集中精力积极投身于自己最感兴趣的领域，目标在于真正地掌握它们。通过这种方式，5号希望能发展一种能力或一套知识，确保自己在世界上拥有一席之地。也就是说，5号希望维持自己的独特。

他们的创新可能是革命性的，能够扭转旧有的思考方式。他们的想法具有超前性，而且这些想法在经过他们的刻苦钻研后，往往会带来惊人的新发现或创造出艺术作品。即便是在他们当时所处的时代被看作不切实际的东西，也可能会在新的时代里成为某个全新的知识分支或技术分支的基础，比如，物理知识使电视和雷达成了可能，或者催生了后来的某部小说或电影的某些奇思异想。

他们愿意和他人分享自己所拥有的知识，因为他们在和别人一起讨论自己的想法时常常可以学到更多。而且，他们那份对自己想法的热情对周围的人极具感染力，并且他们乐于跟别的知识分子、艺术家、思想家，实际是与所有跟他们一样有趣的、有好奇心和才智的人一起维护自己的专业领域。

第四层级：勤奋的专家

处于第四层级的5号是勤奋的专家，他们变得不如健康状态下自信，开始担心自己知道得不够多，总是怯于行动，在世界中找不到自己的位置。

他们开始变得不自信，喜欢退回到经验领域，觉得在那里会更加自信、更能控制自己的内心。他们认为，知道的越多，越能发现自己的无知。因此，他们总是觉得自己必须做更多研究和从事更多实践，必须更好地掌握技术或更进一步接受考验，必须更深入地探究他们所研究的主题。

他们不再利用自己的才智去创新和探索，而是将它用来对事物进行概念化和作比较。他们会花大量时间去把某个问题或一首歌的想法概念化，但又犹豫要不要把这些想法诉诸实践。

健康状态下的 5 号运用知识，而一般状态下的 5 号追寻知识。他们总认为自己不如别人准备得充分，所以必须去搜集自认是"成就自身"所必需的各种资讯、技能或资源。为此，他们开始放弃社会活动，花越来越多的时间和精力去获取资源。只要打开 5 号的房间，常常就能发现房间里堆满了他们努力获取的资源：书籍、磁带、录影带、CD、小玩意等。他们还会成天泡在书店、图书馆以及提供地方让知识分子通宵讨论政治、电影和文学的咖啡屋，对可帮助他们获取知识的工业产品极为痴迷，更会花大量金钱去购买所需的工具。总之，他们努力搜集一切资源以使自己成为某方面的专家。

第五层级：狂热的理论家

处于第五层级的 5 号是狂热的理论家，他们的兴趣越来越狭窄，越来越怪癖，他们对自身狭窄的兴趣之外的事物投入的时间越来越少，也越来越不愿意尝试新的活动。

他们感到自身对现实的掌控能力在逐渐减弱，他们对自身能力的不安全感却开始增强，因此他们习惯退回到内心的安全范围中，将注意力转向了心灵的高速运作，用自己所拥有的内心力量和财力去获取自信心和力量，使自己能够在生活之路上走下去。然而，他们常常错误地将这种力量运用到对细节的关注中，沉浸在被他人视作细枝末节的琐事上，对能真正帮助他们的活动也失去了透视力。也就是说，他们把无数的时间花在各种计划上，但又得不出什么结果，这往往使得他们对自己和自己的观念更加不确定，使得他们更加害怕失去凭理智构建的安全感。

他们不再相信情感力量，认为情感需要会成为自己的负担，转而相信一切都取决于获得一种技能或能力，这样才有机会在这个越来越没有怜悯和关爱的世界中生存下去。因此，他们致力于提高自己的专业技能，沉浸于复杂的学术难题和万花筒般的体系——那是些精细的、难以参透的迷宫，他们觉得只要这样做就可以与世界隔绝，专心于学术，处理这些难题。

在与人交往时，他们喜欢隐蔽自己，以维持其独立性和操控整个局面。因此，他们越来越不愿意和他人谈论自己的私生活或情感生活，害怕这样做会给他人可乘之机。另外，和他人谈这些事只会让自己陷入更直接的恐怖经验中，只会让自己变得更加脆弱，而这也正是他们明确想要避免的。但他们不会直接对他人说谎，而是尽量避免向他人提供自己的信息：他们可能言语简洁凝练，也有可能秘而不宣，或者就完全不善交际。

他们不再探究客观世界，而将注意力集中在自己的观念和想象上，沉浸于自己对世界的阐释中，对周围世界的感知越来越少。由于他们把所有时间都用在了思考上，忽略了外界的变化，常常使得他们难以和他人顺畅地交流，生活基本技能较弱。

第六层级：愤世嫉俗者

处于第六层级的6号是挑衅的愤世嫉俗者，他们害怕自己因为人或事的侵扰而延误事情的"进程"，所以决心抵御一切自认为会威胁到自己脆弱领地的东西，这常常使得他们富有攻击性。

他们越发喜欢思考，并致力于思考那些怪癖、复杂、深刻的问题，而他们心中臆想的那些复杂性引出了新的、更棘手的问题。由于没有任何事情是明确的或确定的，于是焦虑越积越多。他们感到自己时刻受到威胁，自己的计划随时都会因为外力的介入而毁灭，因此他们更加恐惧与外界接触，对外界的主动接触有着极强的防御心理，甚至极富攻击性，以把其他人都吓跑，保护自己的独立空间。

他们变得越发不自信，即便是他们那些最受人推崇的观念和计划也不能增添他们的信心，反而使得他们危机感倍增。对自己无力应对环境的潜意识的恐惧，会时常涌上他们的心头，他们就生活在日益加深的对世界与他人的恐惧中。他们觉得几乎所有的一切都是不确定的和无法实现的，而令他们愤怒的是，别人似乎对他们的恐怖状态感到很满意或满不在乎。在这种情况下，他们常常会表达极端的观点或采取极端的行为，来动摇他人的确定性或满意度，倾覆他人的安全感。

他们更关注自我，比较喜欢通过自己的生活方式来责难世界，因此他们可能会选择过一种极端边缘化的生活，以避免"出卖"自己。他们会有意穿着挑衅社会的衣服或做出一些十分出格的行为。总之，他们追求不同于社会主流的生活态度，比如他们会十分推崇颓废派、朋克、重金属以及其他青年亚文化者的生活态度。

他们的思想极度复杂，常常把合理的见解与极端的阐释混合在一起，而他们自己根本没有办法分辨二者之间的差异。这是因为他们总是极度简化现实，拒绝对事物做更多正面的、多样可能的解释，从而导致认知上的偏差，容易造成思维混乱。总之，他们健康的原创力逐渐退化，变得乖僻、古怪，原先的天才开始变成一个怪异的人。

他们常常感到十分无助，并因这种强烈的无助感而感到痛苦、失眠，发脾气。究其原因，这是他们长时间忽略现实因素所致。如果他们能走向他人、承认自己的苦恼，就能克服困难、重建自己的生活。相反，如果他们继续逃避现实世界，那最后就只会切断本来所剩无几的生活联系，沉入更加可怕的黑暗之中，最终因精神崩溃而灭亡。

第七层级：虚无主义者

处于第七层级的 5 号是孤独的虚无主义者，他们在第六层级的基础上加深了自己的无助感，他们已处在十分不健康的状态，所以他们的自我怀疑越来越严重，觉得几乎所有的人和事都成了他们的威胁，因此他们对自认为会威胁到自己的世界的所有人都抱一种对立态度。

他们有着强烈的无助感，感到自己时刻受到外界的威胁，因此他们必须与他人保持安全的距离，以保护自己对主控权的疯狂追求。然而，这种隔离他人的孤独使得他们十分绝望，很难适应生活，对世界也十分反感，并认为自己在社会中已无容身之所，所以他们背对着社会，变得极端孤立和孤独，越来越怪僻，陷入虚无主义的绝望之中难以自拔。

他们不允许他人怀疑、嘲笑和不理睬他们的想法，因为在他们看来，这是侵犯他们隐私和自由的行为，容易激起他们的攻击性。这时的 5 号会为了维持自己仅存的且完全一厢情愿的一点点自信，变得极其无礼：怀疑他人、嘲笑他人、贬低他人、伤害他人。这又容易激起了人们排斥，使得 5 号和他人的关系越加疏离。

为了逃避自己的孤独，他们常常利用酗酒和滥用药物的方法来麻醉自己。这不仅不能将他们从虚无主义的痛苦中拯救出来，反而会使他们陷入更深的虚无主义，进一步侵蚀他们的自信心，驱使他们进一步走向孤立，并加剧他们的退化。

第八层级：孤独的人

处于第八层级的 5 号会随着内心恐惧感的加深，越发不相信自己应对世界的能力，越发逃避与外界的接触，逐渐退回到与世隔绝的状态。

他们缺乏与他人的接触，完全沉浸在自己的想象世界里，在这个想象的世界里，他是掌控一切的王者。然而，一旦他们回归到现实生活中，他们就会发现自己可掌控的太少。这种巨大的落差感使得他们痛苦万分。为了逃避这种痛苦，他们只好继续沉溺在想象世界里，完成自己在现实生活中未竟的梦想。因此，他们尽量减少了各种活动，生活条件也削减到无处可退的地步。他们可能独处一室，几乎不出房门一步，或干脆藏身到朋友或亲戚家的地窖里，剩下的唯一可去的地方就是他们内心最深处，但由于他们的内心是恐惧的真正源头，所以也成了他们最后的祸根。

他们恐惧现实，在他们看来，现实中的一切都是汹涌的、吞噬性的力量，整个世界好像就是一个荒诞的噩梦，一种发了疯的景致。在这个荒诞的世界里，他们找不到任何可以给予他们安慰和信心的东西。而且，他们越是透过自己扭曲的感知力看世界，就越是感到恐怖和绝望。随着其恐惧范围的扩散和恐惧强度的增加，越来越多的现实遭到日益严重的扭曲，以致他们最后什么事都做不了，因为一切都染上了恐怖的味道：天花板随时都会坍塌砸到自己，桌子上的水果刀随时都可能飞过来刺伤自己……总之，他们开始频繁地出现幻听、幻觉，开始觉得自己的身体就像外星人一样，这让他们感到恐惧，并时刻提高警惕，一刻也安静不下来。结果，他们的身体被弄得疲惫不堪，各种问题堆积在了一起。

他们开始频繁地失眠，一方面是因为他们害怕自己睡觉的时候可能遭受残暴力量的攻击，一方面他们也害怕自己那些充满暴力倾向的梦境。为了摆脱这种恐惧感,他们常常选择药物或酒精来麻醉自己的心智,希求获得一时半刻的宁静。然而,这往往造成他们身体状况的恶化,并进一步导致精神状况的恶化,使得失眠、幻听、幻觉的情况越发严重起来,甚至导致他们精神分裂。

第九层级:精神分裂症患者

处于第九层级的5号已经呈现了病态的心理特征,他们幻听、幻觉、失眠的症状越发严重,而且他们也不再相信自己能够抵御世上的敌对力量和内心的恐惧了,他们渴望停止他们所经历的一切。

到了第九层级,5号精神分裂的症状愈发严重:一方面,他们希望通过把自己的心理分裂为令人恐惧的碎片,通过认同内心仅存的观念或幻觉,还可以给他们提供一点力量以应对自我的解离;但另一方面,他们的恐惧具有一种无情的穿透力量,令他们感到世上已无安全的地方可去,甚至他们的内心也不可靠了。在这两种情绪中间不断徘徊,不仅没有消减5号内心的恐惧,反而促使5号进一步精神分裂。

随着5号精神分裂的加剧,他们愈发觉得自己的人生演变成了一种持续的痛苦与恐怖体验,他们渴望停止下来,想要在忘却中终止一切体验。因为他们对于自己和世界感觉到的只有恐惧和恶心,而终止恐惧和恶心的唯一出路就是终止一切体验。而且,他们认为自己的生命已经毫无意义,自己根本没有理由再苟活下去。

当然,5号也会选择另一种方式来终止自己的痛苦体验。他们会选择控制自己的心智,尤其是控制因不断蚕食自我的恐惧症、因意识与潜意识分裂为两个部分而产生的巨大焦虑,这样他们就能够退回到自我看似安全的部分，退回到一种类似精神病的孤独症般的状态。也就是说，他们对自己的思想是如此恐惧，以致干脆放弃思考。他们借着认同自我内在的空虚来达到这个目的。但是，当他们退化到这种内心空洞的心理状态时，以前他们所拥有的那些智慧和才能全都消失了。他们从现实中撤退是为了获得时间和空间去建立自信心和应对生活的能力，但由于恐惧和孤独，他们最终毁灭了自己的自信心和才能，甚至毁灭了自己的生命。那些没有结束自己生命的5号像患了精神病一样与现实彻底决裂，最终过着一种无助、依赖或与世隔绝的生活，而这恰是他们最害怕的。

PART 03
与5号有效地交流

5号的沟通模式：冷眼旁观

和九型人格中其他人格类型相比，5号可以说是最不喜欢人际关系的人格类型。他们性情安静，喜欢独处。对于他们来说，在没人的时候，感情会更丰富。他们认为，孤独是他们获得丰富个人生活的基础。而当他们置身于人际交往中时，他们常常会感到焦虑和不安，害怕他人侵犯自己的私密空间，因此他们总是有意在自己和他人间营造距离感，努力将自己置于一个旁观者的位置，清醒地观察他人的行为，分析每一个人行为背后的动机，并做出正确的判断。

在与他人沟通时，5号习惯以自己的兴趣为导向，不太注意别人的感受。大多数时候，5号与人交流的语气是非常平板和没有情感色彩的，非常有条理，而且言简意赅、喜欢直奔主题，绝不多说一个字。尤其是当他们对对方的话题不感兴趣的时候，他们更是惜字如金，很少发表意见，即便有，也是敷衍性地说几句话。

但是，如果5号在沟通中遇到他们感兴趣的话题，他们则不再沉默寡言，变得滔滔不绝，甚至主动找别人聊天，这样做是为了"收料"。只要对方在简短的几句话中有独特见地，就会吸引他们对之产生兴趣，主动找上门，但当他们收够"料"后，或者不能在对方身上找到新知识，就会冷淡下来。如果他们判断出与之交谈沟通的人的智力比较低或知识面不够广,他们会突然就不再说话,不想继续沟通。不过,有时候,5号在沟通时的沉默未必是拒绝,也许是在仔细地品味。

此外,当5号遇到学术性问题时,他们喜欢展示他们极强的分析能力。比如,他们在谈到具体问题时,会出现这样或类似的语言:解决这个问题有5个步骤,第一个步骤包含8点……当别人听到第4点时,已经很累了,但他却感到奇怪:我还没讲到重点呢。

5号具有敏锐的观察力,因此他们对非言语的征兆非常敏感,如果你没有表现出很感兴趣或不具威胁的样子,他们就会退缩并将自己封闭在内心的世界里,从而使你们的沟通造成困难。这时,人们需要在尊重5号个人私密空间的基础上,主动接触5号,可以从他们喜欢的学术话题入手,激发他们沟通的欲望。

需要注意是,与5号沟通最好要寻找一个秘密的时刻,并事先知会他们,要给他们单独的时间去做决定。最好让5号自己选择交流的时间和地点,这样他们会觉得是自己在控制着相互之间的交流。而且,初次沟通时,一定要鼓励5号讲出问题的起因,分享他们内心的感受和想法,并给他们留出充裕的时间来整理思绪,然后再给予5号中肯的建议。总之,在与5号沟通时,要尽量主动一些,但也不要过于主动,以防对5号产生压迫感。

观察5号的谈话方式

大多数时候,5号性格者沉迷于独处的快乐中,他们不喜欢和他人接触,讨厌社交活动,认为这容易侵犯他们苦心维持的私密空间。因此,他们在与人交往时常常沉默寡言,给人以冷漠的感觉。

下面,我们就来介绍一下 5 号常用的谈话方式:

★ 5 号很少说话,不仅是因为他们需要以客观的身份来观察和思考,更因为话语本身会引起很多情绪和情感,而他们又拒绝情绪。

★ 5 号与人交流的语气是非常平板和没有情感色彩的,非常有条理。

★ 从 5 号的嘴里,你经常会听到以下词汇:我想;我认为;我的分析是;我的意见是;我的立场是。

★ 谈到学术性话题或 5 号感兴趣的方面时,5 号会变得滔滔不绝,其目的在于为自己搜集更多的材料。而且,当他们搜集到自己需要的材料或是在对方身上找不到新知识时,他们又会变得沉默寡言。

★ 遇到自己不喜欢的话题,或者无聊的话题时,5 号会沉默寡言,也会敷衍性地说几句。

读懂 5 号的身体语言

当人们和 5 号性格者交往时,只要细心观察,就会发现 5 号性格者具有以下一些身体信号:

★ 5 号身材瘦弱,常常给人以弱不禁风的柔弱感。

★ 5 号着装非常简朴,他们不重视潮流、时尚等因素,因此他们的衣着常常是"过时""老土"的。

★ 5 号有时会"不修边幅"的"风光",他们因为过于关注思考而忽略生活细节,从而可能衣服好几天都不换、头发好几天都不洗。

★ 5 号喜欢安静地坐在一个角落里,不希望引起注意。

★无论是坐着还是站着，5号身体动作很少，常常给人传递出这样一种感觉：请不要关注我，我只是一个旁观者，并不想投入你们的环境或话题当中。他们的身体还给人太过僵硬的感觉。

★他们追求简洁，当他们行走时，习惯径直接近目标。

★5号外表冷漠，即便正在经历激烈的情绪或情感，他们也神情木然。因为他们总是想提早摆脱所处的环境，回到自己的空间去。

★5号因漠视自己的情感，因此人们很难从他们的眼神中觉察到情感、情绪，也强化了那份冷漠的感觉。

★当他们无法回避情绪、情感话题或环境的时候，他们也会以回避对方注视的方式保持低调，这就给人一种眼神"迷离"的感觉。

★在与人交流时，他们大多面无表情、安静地倾听着，最多是在谈论学术话题的时候微微点头，让人感觉他们的身体只有脖子以上才有生命。

第七篇

6号怀疑型：怀疑一切不了解的事

6号宣言：世界充满危险，我必须时刻警惕。

6号怀疑主义者是一个十分忠实、小心谨慎的人，他们总是处于无休止的忧虑和怀疑之中。他们倾向于把世界看作是一种威胁，而他们对外来的威胁非常敏感，可谓明察秋毫，总是关注生活中最糟糕的事情，并预想出最糟糕的可能结果，事先把自己武装起来。这使得他们难以公开发表自己的观点，喜欢征求他所信赖的权威人物的意见，而且会对这些权威人物有较高的忠诚度。

PART 01
6号怀疑型面面观

6号性格的特征

在九型人格中,6号是典型的怀疑主义者,他们和5号性格者相似,都认为这个世界危机四伏,人心难测,交往不慎,就会被人利用和陷害。但他们又和5号性格者不同,他们不像5号一样享受孤独,而是害怕孤独,恐惧自己被孤立、被抛弃,因此才对人和事都没有安全感。也就是说,其实6号内心里渴望与人接触,并渴望得到他人的保护。

6号的主要特征如下:

★内向、主动、保守、忠诚。

★有着敏锐的观察力,能够洞察深层的心理反应。

★在环境中搜索能够解释内在恐惧感的线索。

★通过强大的想象力和专一的注意力来获得直觉,这两种能力都来自内心的恐惧。

★疑心重,做事小心谨慎,有着较强的警惕性。

★因为内心的疑虑太多,所以总是用思考代替行动,导致行动推延,或是使工作无法善始善终。

★努力克制自己的情感,害怕直接发火,但喜欢把自己的怒气归罪于他人。

★有着较浓的悲观情绪，因而常常忘记对成功和快乐的追求。

★渴望别人喜欢自己，但又怀疑别人情感的真实性。

★喜欢怀疑他人的动机，尤其是权威人士的动机。

★对权威的态度较为极端：要么顺从，要么反抗。

★习惯怀疑权威，因此认同被压迫者的反抗事业。

★一旦信服某个权威，就会由怀疑变为忠诚，因此他们往往对于被压迫者或者强大的领导者表现出忠诚和责任。

★以团体的规范为标准，讨厌偏离正轨者，会严厉地批评、责备他们。

★循规蹈矩，遵守社会规范。

★经常会考虑朋友和伴侣的忠诚度，有时会故意激怒别人进行试探。

★期望公平，要求付出和所得相匹配，会被他人看成斤斤计较。

★常问自己是否做错事，因为害怕犯错误后被责备，所以犯错后往往死不认错。

★在一个给予他们足够安全感的环境里，他们会支持他人成长，分担他人的困难。

6号性格的基本分支

6号性格者往往小心而多疑，他们从小就学会了保持警惕，学会了质疑权威，习惯去思考人们每一个行为背后潜藏的意图。而且，注意力的焦点往往集中在生活中那些糟糕的事情上，这使得他们把外部世界看成是各种危险因素的潜在来源，他们很容易对他人和客观形势产生怀疑，尤其是当这些人和事在他毫无准备的情况下出现时，更是如此。因此，他们总是处于无休止的忧虑和怀疑之中。然而，他们内心十分渴望他人的保护，一旦他们发现力量强大的领导者，比如3号性格者和8号性格者，他们又会十分顺从、忠诚。由此来看，6号对待权威的态度是矛盾的，这种矛盾心理往往突出表现在他们的情爱关系、人际关系、自我保护的方式上。

1. 情爱关系：力量/美丽

6号认为外界的人和事都是不可靠的，他们时刻担心自己被利用、被抛弃，因此他们内心极度渴望寻找到可靠的亲密关系。为了吸引他人的关注，建立稳固的亲密关系，6号热衷于表现出力量和美丽：令人敬畏的聪明、强劲的反对者、迷人的美女、引人注目的男子，这些都是他们想要表现出来的。也就是说，如果大家都认为他/她是强壮、美丽、性感和聪明的，即便是个胆小鬼的6号也会立刻挺直了腰杆。

2. 人际关系：责任感

6号具有极强的责任感，他们认为在社会行为中遵守相关规则和义务是表现忠诚的一种方式，这也是他们压制内心恐惧感的一种方式。他们认为，群体的需要会控制他们的行为，使得他们知道该如何表现。而且，当个人观点得到群体权威力量的支持和确认时，对自我的怀疑就会降低。因此，6号对于人际关系往往抱有这样的观点："只要我们不是一个人，我们就不会受到攻击。"在这种责任感的激励下，可以完全投入到他们的家庭或者集体性的事业中，能够为了事业、家庭和理想做出极大牺牲。他们甚至可以鼓励身处困境的其他人，并为扭转局势做出英雄之举。

3. 自我保护：关爱

6号既害怕亲密关系的不稳定又渴望亲密关系，因为他们认为，维持他人对自己的好感，是驱赶潜在敌意的一种方法。如果人们喜欢你，你就没有必要对他们感到害怕。当他们和理解他们、包容他们的人在一起时，会很放松，于是会放下自己的防卫体系。也就是说，6号的恐惧心理会在朋友的陪伴下减弱或是消失，感受到来自他人的鼓励和温暖，将促使他们更好地发展。

6号性格的闪光点

九型人格认为，6号性格的人有着许多的闪光点，下面我们就来具体介绍：

1. 有高度的警觉

6号性格者内心存在较强的不安全感，他们害怕被人利用，因此有着较高的警惕性，总是仔细观察对方，时刻提防他人的花言巧语。可以说，他们是天生的观察者、自然的心理学家，随时警惕着一切外在变化，还不被周围人所察觉。

2. 做事谨慎

6号做事十分谨慎，他们常常对一些事情甚至没有发生的事情会过多担心，或者是对自己正在做的一些事情不是太放心，他们总担心事情会出什么状况，因此他们对于指责内的事情，习惯做最坏的打算，做最好的准备。

3. 较强的危机意识

6号算得上是九型人格中最有"危机意识"的人格类型，他们总是认为生活中处处都是危险，总是将注意力集中在那些负面的事情上，总关注那些潜在的危险，并主观臆想实际上并不存在的陷阱。因此，当危险真正来临时，他们往往会比其他类型的人冷静，具有迅速化解危机的勇气和能力。

4. 有责任感

6号喜欢稳定的生活，他们认为责任感是保证生活稳定的关键因素，因此他们习惯在社会行为中遵守相关规则和义务，并且能够为了事业、家庭和理想做出极大牺牲。

5. 较高的忠诚度

极具责任感的6号往往是个忠诚、值得信赖的人。面对任何挑战时，他们都能够毫不犹豫地去护卫彼此的关系和友谊。他们对盟友忠心耿耿，总是不遗余力地保护自己人。但前提是这个团队或权威是足够强大的，是受到6号肯定的。

6. 注重团队精神

6号内心渴望亲密关系却又缺乏安全感。他们往往认为在一个团队中最易获得安全感，因此他们注重"团结至上、安全第一"的团队精神。同时，他们要求团队分工清晰、权责分明，赏罚有则，尽量避免人治的情况发生。

7. 严守时间

6号虽然会因为对安全感的忧郁而导致行动拖延，但大多数6号还是习惯于严守时间。他们认为，严守时间是获得安全感的重要方式。因此他们重视截止日期并严格遵守，以免自己因为浪费时间而遭受惩罚，更害怕会因此造成不良后果，让自己陷入危险的境地。

8. 看淡成功

6号习惯怀疑权威,因此他们不希望自己成为权威,在他们看来,那是一个备受怀疑的不安全的位置。也就是说,他们能够为了自己的理想而付出全力,不求回报地孜孜努力,从不在乎这样是否会获得成功和荣誉。

6号性格的局限点

九型人格认为,6号性格不仅有许多闪光点,也有许多局限点:

1. 多疑

6号因为随时感到不安全,他们总是对一切持怀疑态度。他们怀疑他人行为背后的动机是否单纯,怀疑所处的环境是否安全,怀疑自己的决定是否正确……而越是怀疑,就越使他们感到不安,导致他们越发拖延行动。

2. 拖延行动

6号做事谨慎,致力于做好每一个细节的准备工作,因此他们总是沉溺在琐碎事务的处理工作中,在正反意见之中徘徊,很难下结论。总怕还有没有考虑到的危险,致使工作一拖再拖,甚至导致某些计划半途而废。

3. 习惯负面想象

6号有着丰富的想象力,但他们内心强烈的不安全感常常将他们的想象指向最坏的方面,使得他们总想着最糟糕的结果。他们会自觉地寻找环境中对他们有威胁的线索,而把那种对最好情况的想象视为一种天真的幻想,使得他们常常给人以悲观、偏激、神经质的印象。

4. 怀疑成功

6号忠诚、勤奋、可靠,并且有着为理想献身的勇气和奋斗精神,这些都是成功的重要条件,但是6号却很难成为一个成功者。这主要是因为他们内心对成功的怀疑心理,认为成功将使他们成为众矢之的,成为他人利用、陷害和排挤的对象,这将破坏他们的安全感,因此他们习惯躲避成功,往往在接近事业巅峰时更换工作,或是在即将大功告成时不去化解能够化解的危机。

5. 过于保守

6号多是循规蹈矩的人,他们习惯照规矩及传统做该做的事,喜欢照本子办事,照着指引做事,逃避犯规,常有怕犯错的心理。所以他们总是畏缩不敢行动,喜欢做成功率高的事,比如那些在别人眼中是枯燥、例行公事的事。

6. 缺乏自信

6号习惯自我怀疑,即使在事实已经证明自己的想法更为高明时,6号还是会选择别人的权威判断。由于他们对自己的不信任,使得他们狂热追求能给自己带来安全感的东西,并导致对权威者的过度依赖和对安全的寻求,使得他们容易被人操控和利用。

7. 过于悲观

6号常常有将一切灾难化的倾向,他们对周围所碰到的一切事物,总喜欢往负面的、悲观的、严重的方面去幻想或揣测,因此他们时常处于非常不安、焦虑的状况,会阻碍他们的创造力,减损他们的进取心,使他们变成自己最大的敌人,甚至可能伤害他们自己。

6号发出的4种信号

6号性格者常常以自己独有的特点向周围世界辐射自己的信号，通过这些信号我们可以更好地去了解6号性格者的特点，这些信号有以下4种：

1. 积极的信号

6号对于权威的态度是矛盾的，当认为这种权威是不可信任时，他们就会反对这种权威，但如果他们认为这种权威是可信任的时，他们则会给予全力支持。因此，他们会对信任的少数对象表现出极度的忠诚，这可能是他们的事业、他们的朋友，或者他们的保护人。他们还会信任那些软弱无力的人，那些感到害怕的人。同时，6号具有细微的洞察力和强大的想象力，他们往往是非常具有创意的思考者。

2. 消极的信号

6号喜欢将注意力集中在那些负面信息上，从而使得自己总往最坏的方面去想象。为了避免发生他们所猜想的那些危机，他们注重细节，有时候会牵强附会——把不相干的事情联系在一起，他们还会用过度的保护来控制局势，加强防御，让自己安全。此外，他们还不告诉对方自己在思想上的变化，把疑虑藏在心里。即便情况往好的方向发展时，他们内心的担忧也不会消失，这使得他们犹豫不决，常常拖延行动或半途而废。

3. 混合的信号

6号总是习惯把事情往最坏的方向去想，因此他们对身边的每一件事、每一个人都抱有怀疑的态度，不愿意对他人表达真实的情感，以免对他人利用。但是他们又不确定自己的判断是否准确，因此他们尽管对双方的关系感到怀疑，但是又不愿意脱身而出。而且，他们往往是在情感关系的酝酿阶段和初始阶段充满兴趣。当他们应该采取进一步行动时，他们的心思却飞走了，然后一切都变得不确定了。总之，6号经常因为内心的怀疑论而扰乱自己的思绪，传达出混乱的信息，往往使得他人感到十分迷惑。

4．内在的信号

6号不仅怀疑他人，也怀疑自己。怀疑阻碍了他们的感觉。他们可能听见你说的话，但是并不完全相信，因为他们并没有完全感觉到。因此，要讨好6号可不是件容易的事情。对他们真心的赞许也不会被完全接受。大多数时候，他们会将他人的赞美看作"客气话"，这并不是说6号认为你在撒谎，而是觉得你话里有话。这时，他们可能对他人进行追问，以证实自己对他人的负面猜测，常常引起他人的反感。

总之，6号需要适当克制自己的怀疑心，更要学会客观看待自己的怀疑主义思想，要学会关注他人的真实情感，而不要用自己的负面心态去看待他人，看待世界，这样就能有效避免自己陷入悲观主义之中。

PART 02
我是哪个层次的 6 号

第一层级：自我肯定的勇者

处于第一层级的 6 号能够肯定自己、信任自己，并与自身的内在权威有一种和谐的关系，同时他们也能够相信他人，并以忠诚的形象赢得他人的信任。

他们敢于自我肯定，他们的自我肯定源自对自己的内在能力和价值的一种认识，并且这一认识根本不需以他人为参照。他们的自我肯定标志着一种转移，即从在自身以外尤其在权威人物那里寻找保护和安全感转移到在自身内部、在生命中发现持久的信念，这个信念不是一种信仰，而是一种深刻的内心感受、一种生活经验。

他们相信自己，同时也能够相信他人，并给予他人信心和勇气，因为他们的思维是正面的，他们的确信来自于内心。他们的行为举止传达出一种沉着、一种果敢、一种为更大的善不倦努力的意志力，他们的内心有一种不屈不挠的勇气。这时的 6 号总是敢于面对巨大危险，能够为他人的利益奋斗，或对非正义的行为仗义执言。而且，他们在面对挑战的时候也很灵活，能和他人通力合作，也能很自如地独自解决难题。

第二层级：富有魅力的人

处于第二层级的6号拥有一种迷人的个人魅力，能够在无意间吸引别人。他们知道如何引起他人强烈的情感反应，左右他人的情绪。也就是说，他们有一种让他人做出回应的能力，尽管他们自己通常意识不到这一点。

他们不能一直做到自我肯定，也无法完全做到与他人和平相处。有时候，他们也会害怕被抛弃、被孤立。这时，他们就会感到自己已经失去了与自己内在支持力量的联系，认为自己缺乏维系生存勇气的内在源泉，于是他们觉得需要他人的支持，他们的幸福有赖于维持安全的人际关系和结构，以增强安全感。这促使他们投身到世界中，开始审视周围的环境，寻找能够与他人建立联系或介入某些计划的方法，力图发现可能的同盟和支持者，或寻找可以提高自己安全感与自信心的东西。

对于他人来说，他们是自信、值得信赖的，他们想尽最大努力做一个值得他人信赖的人，总是让人感受到一种坚定。因此，他们习惯把兑现承诺以及及时、持之以恒地帮助他人视为自己的责任；他们身上有一种坚定的、顽强的特质，能给予他人坚定不移的支持。

第三层级：忠实的伙伴

处于第三层级的6号是忠实的伙伴，为了维持一段真挚的友谊或一段稳定的合作关系，他们会十分忠诚，全身心地投入到这段关系之中。

他们自我肯定的能力在日渐减弱,因此他们开始寻求安全感,并发现某些人、观念或情势似乎是可信赖的和安全的,他们就开始担心自己会失去与这些东西的联系,失去与保护感和归属感的联系。而且,他们也开始意识到自己吸引他人的行动不能每次都成功,有时也会遭到他人的拒绝,或者双方的关系发展得不够理想,这就引发了他们的焦虑感和不安全感。综合这两个方面,他们要解决这个问题,最好的办法就是保持忠诚,彻底投身于他人、工作和已经涉足的项目中。

他们推崇人人平等的团队精神,注重公平,因此他们可以帮助自己创立的或加入的企业形成一种平等的精神和一种强烈的公共福利意识。他们尊重他人,能创造出合作的氛围,在那里,人人都觉得他们是合伙人或同事,而不是高高在上的管理者。他们明白自己的安全主要取决于其所在的共同体和工作单位的福利,因此他们与他人协力合作,以维持建制和结构的稳定,使共同体更加稳固和健康。而且,他们常常涉足地方政治事务,参加地方委员会,帮助改善城镇或公寓的居住环境,施展自己的诸多正面价值。同时,一旦发现不公平、不公正的现象,他们会反对、提出质疑,并尽全力去解决它。总之,在一个团队中,6号往往是正直和诚实的真正代表。

第四层级:忠诚的人

处于第四层级的6号在忠实的性格特征上更进了一步——忠诚,他们越发感到维系一段稳定关系的重要性和迫切性,因此他们选择承担更多的责任,常常以一个尽职尽责的忠诚者形象示人。

他们不再敢于自我肯定,而是变得越来越没有安全感,尤其是当他们把自己奉献给某个人或者群体时，他们就开始担心做任何事都会危害到人际关系的稳定。他们害怕"添乱"，害怕在某个方向做得太过，因为那样会危及自己的安全。他们觉得为了维持一种看似稳固、安定的生活方式，自己已经很努力了，他们担心周围的一切会出状况，因此想要进一步加固自己的"社会安全"体系，更努力地工作，以获得同行和权威的接纳与认可。

他们感到压力巨大，迫使他们承担更多的义务，坚持认为自己能够克服困难，把工作做下去，以便做出更大的奉献。为了消减内心的焦虑感，他们想要"面面俱到"，所有的角度都要考虑到、照顾到，随时为未来可能出现的问题做好准备。因此，他们可能会调用各路工作资源，或利用空闲时间维修自己的房子、处理家庭财务。总之，6号热衷于履行自己的义务与责任。

他们相信权威胜过相信自己，因为他们在健康状态的那种自我肯定意识逐渐消失，这促使他们更多地依附和认同特定的思想体系和信仰体系，以给自己提供答案和让自己更有信心。这时的6号往往无法自己做出决定，而是越来越多地到文献、权威文本或规则与规定——反正是各种各样的"文件"中去寻找先例和答案。即便在看过指导原则和规定之后，他们还是会私下猜疑，不知道自己有没有正确领会。总之，他们把一切托付给朋友和权威，以确保自己的阐释"没有差错"。但要注意的是，这并不是说这个阶段的6号已经丧失了自己做决定的能力，而是说他们在做出重大决定的时候会面对更多的内在冲突和自我怀疑，使得他们难以果断做出决定，常常拖延行动。这也使得他们常常变成一个传统主义者。

第五层级：矛盾的悲观主义者

处于第五层级的6号内心的不安全感逐渐加深，这使得他们变成了矛盾的悲观主义者：他们一方面能够忠实于自己的责任和义务，一方面又开始担心无法应付肩上的压力和要求，害怕因此而失去来自盟友和支持体系的安全感。在这种情况下，他们容易产生矛盾心理：我们如何能减轻身上的压力和紧张，又不会让自己尽忠的那些人感到失望甚至愤怒呢？

他们认同的权威很多，但他们的能力有限，这使得他们逐渐认识到他们不可能同等满足其所效忠的所有人。显然，就他们的需要而言，有些人和情况要比其他的人和情况更为关键，但是，当被迫决定谁应当"让路"的时候，难以决断就会令他们甚为痛苦。因此，他们想要弄清楚谁是真正站在自己一边的，谁是真正可靠的支持者。他们容易陷入焦虑的情绪中：为自己而焦虑，为他人而焦虑，有时会对他人作出防御性的反应，有时会抱怨，有时则是两种方式并存。这容易导致6号对自己的思想、情感和行为表现出激烈的反应，使他们变得越来越警惕多疑。

这种两难选择让他们感到痛苦，因此他们常常选择逃避——不做决定，这时的他们很难为自己做什么事，也很难自己做决定或是领导他人——即使有人请求他们这么做。他们也总是在绕圈子，无法下定决心，对自己以及自己真正想要什么都无法确定，完全惊慌失措、毫无主见。如果必须有所行动，他们会显得极端谨慎，做决定时也很胆怯，援引各种规则与先例来指引并保护自己。因此当必须完成某件事的时候，他们总是拖到最后一刻才开始行动，而这时候就得在高度压力下工作以完成职责。

为了逃避责任，他们往往会拒绝接纳任何观念和知识。他们对新的观点或观念持怀疑态度，觉得自己已经尽了最大努力去理解已知的观点和方法。因而他们开始害怕改变并抵制改变，认为改变是对自身安全的潜在威胁，因为那需要在本已拥挤的心中再添加更多东西。他们的思维和观点因此变得更狭隘、更偏安一隅。他们日渐失去了清晰的推理能力，诉诸站不住脚的论断和肤浅的论证，这常常使得他们的内心越加混乱。

第六层级：独裁的反叛者

处于第六层级的 6 号是独裁的反叛者，他们内心的恐惧感越发强烈，他们努力想要控制自己的这种恐惧感，却因为已经与内心的权威失去了联系，常常做出粗暴的反恐惧行为，给人以极富攻击性的印象。

他们几乎丧失了自我肯定的意识，只能任由内心的不安全感及被抛弃的恐惧感日益延伸，而随着他们与内心权威逐渐失去联系，他们也寻找不到解决怀疑和焦虑的有效办法。在这种情况下，他们害怕自己的矛盾情感和犹豫不决会失去盟友和权威的支持，因此采取过度补偿的方式，变得过分热情和富于攻击性，以努力证明自己并不焦虑、没有犹豫不决和依赖。他们想要他人知道自己不能被"刺激"，不能被人占了上风。事实上，他们的恐惧和焦虑已经到了紧要关头，因而想要"振作起来"，想要通过粗野的暴力行为来控制自己的恐惧。为了向盟友和敌人证明自己的力量和价值，他们坚决地表现出自己消极—攻击性矛盾情感的攻击性的一面，以压抑其消极的一面。

这种反恐惧的粗暴方法常常使他们矫枉过正：他们对威胁到自己的东西怒不可遏，并大加责难。他们变得极具反叛性、极其好斗，用尽各种手段阻挠和妨碍他人,以证明自己不能受欺负。他们对自己满腹狐疑,绝望地固守着某一立场或位置,以让自己觉得自己很强大,驱散内心的自卑感。这容易使得6号开始孤立他人、放弃他人的支持,变得更加难以相处,甚至成为独断专行、不公正、报复心强的暴君,越发干扰了他们良好人际关系的维系,也越发加剧他们内心的焦虑感。

他们的敌对情绪日益浓厚,严格地将人划分为"支持我们"与"反对我们"的两个集团。每个人都被简单化为支持者或反对者、自己人或外人、朋友或敌人。他们的态度是"我的国家(我的权威、我的领导、我的信仰)不是对就是错"。如果信仰受到挑战,他们便会把这视为对自己生活方式的攻击,并给予强硬的回应。这时的他们总是十分惧怕陷入密谋中,所以总是密谋陷害他人,竭尽全力用公众舆论去对抗被他们视为敌人的人,甚至对抗群体内部的成员,只要这个成员在他们看来不完全站在自己一边。可笑的是,这反而容易促使他们背离自己的信仰:坚定地相信自由和民主的6号居然变成了狂热的偏执者和独裁者,损害他们的支持者的利益。由此可见,如果这个层级的6号成为领导者,将是十分危险的,他们容易激起群体的恐惧和焦虑,导致许多不幸发生。

第七层级:极度依赖的人

处于第七层级的6号是过度反应的依赖者,他们一改第六层级时嚣张跋扈的独裁者形象,变得胆怯、懦弱起来,因为他们发现在尝试攻击性行为后无法继续坚持。

在6号看似顽固独裁的外表下面,其实是一个被吓破胆的、没有安全感的孩子。每当他们的行为太具攻击性时，或是他们的挑衅与威胁行为太欠考虑时，他们就开始担忧这是否已经危害到了自己的安全，破坏了自己和支持者、同盟者及权威的关系。进而，他们认识到，自己的言行有可能给自己树起强敌，招致严厉的惩罚。至少他们有足够的理由能预料到自己会被所依赖的每个人抛弃。虽然他们未必真的与支持者发生了冲突，却仍有所担忧。结果，他们受困于强烈的焦虑不安，想重新寻回信心，确保无论自己曾经做过什么事，与同盟者和权威的关系仍能一如既往。这时的他们常常一边以满脸的眼泪和谄媚去讨好他人，重新赢回他人的信任；一边又厌恶自己不够坚定、不够强硬、不够独立，没有好好保护自己。

他们有着强烈的自卑情绪，他们不断地自我责难，觉得自己很无能，不能胜任任何事情，随着焦虑感越来越强，他们变得极端地依赖同盟者或权威人物，如果原来的朋友和保护者已经抛弃了他们，他们会重新寻找一个人来依靠。比如，他们严重地依靠配偶、朋友，如果可能，还有家庭，整天等着有人前来指挥。他们惧怕犯错误，以免仅存的权威因为反感而离他们而去。最后，他们几乎不主动采取任何行动，以避免承担责任。这时的他们逐渐丧失了自己的独立性，更加"病态地依赖"他人，也更加难以相处。

他们对他人的好意抱着猜疑态度，别人的循循善诱、温柔或同情只会让他们觉得疏离和不习惯。因为他们没有办法相信真的会有人对他们好，总是以消极或攻击性的行为来回敬那些想帮助他们重新站起来的人。而且，他们还会对在过去带给他们痛苦的那一种人特别痴迷。他们很迷恋"损友"——那些让他们变得更加依赖、激起他们的妄想或以别的方式引发其不安全感的人，比如暴徒、瘾君子、歇斯底里者、无赖，都容易成为他们的朋友，而善良、正直的人们则被他们排斥在交际圈外。由此来看，这时的6号已经开始出现自暴自弃的征象。

他们内心的焦虑感进一步加深到抑郁状态，他们常因为恐惧和紧张而大发雷霆；不过，他们也害怕表达自己的感受，这两种情形都是因为他们害怕朋友会离开自己——因为他们可能会完全失控。然而，压抑自己的焦虑只会使他们越来越无精打采、抑郁和丧失能力。日复一日，随着不安全感与依赖感的日益严重，他们对未来的信心与期待的日渐减弱，空耗了生命。抑郁的情感、愤怒和妄想日益增强，最终，抑郁症的折磨将严重损害他们的身体健康。

第八层级：被害妄想症患者

处于第八层级的 6 号有着更深的焦虑感，这使得他们从自我压抑的抑郁症状态逐渐转变为了歇斯底里的被害妄想症状态，这使得他们失去了控制焦虑的能力。当他们想到自己的时候，会变得失去理性和疯狂；想到他人的时候，则充满歇斯底里与妄想。

因为自身有着强烈的焦虑感，他们往往会非理性地对现实产生错误的知觉，把每件事都视为危机，变得神经质起来，他们会潜意识地把自己的攻击性投射到他人身上，因此开始形成被迫害妄想。这标志着他们退化方向的又一次"转向"，因为神经质的 6 号不再认为自己的卑微感是最严重的问题，而是怀疑别人对自己有明显的敌意。也就是说，他们不再害怕自己，而是开始害怕别人，但他们都将注意力放在了负面信息上。比如，如果老板对自己的态度稍微严厉一些，他们就会认为老板有意刁难自己，认为自己要被炒鱿鱼了，因此常常和老板对抗。

他们的情绪变得十分激动，有着极高的警惕心理，完全陷入了被害妄想症的世界，认为周围的人都想要迫害自己。一想到这些，他们就会勃然大怒，咬牙切齿，但因为焦虑感太过强烈，他们意识不到自己正是现在这种可怕情感的源头，而是反过来把这种情感源头投射到他人身上。甚至发展到任何一个人接近他们，都被视为危险分子，给予强烈的攻击行为。但是，这种高度的警惕感不仅不能帮助他们增加安全感，反而使他们在被害妄想症的深渊中越陷越深。

但庆幸的是，发展到这个层级的6号往往能得到足够的支持与帮助，这使得他们能够免于因恐惧的纠缠而做出不可挽回的破坏行为，但也只是将他们的暴力倾向引导向抑郁方向发展。

第九层级：自残的受虐狂

处于第九层级的6号是自残的受虐狂，因为他们确信来自权威人物的惩罚不可避免，所以他们干脆自我惩罚，以抵消负罪感，逃避或至少减轻权威的惩罚。

一直以来，6号都希望获得长久而稳定的亲密关系，他们所做的一切也都出于这个目的。当他们发现歇斯底里的自己只能促使他人远离自己，破坏自己渴望的亲密关系时，他们就会滋生出强烈的罪恶感。为了消减这种罪恶感，弥补自己过激行为对他人造成的伤害，他们往往会选择自我惩罚。也就是说，正如他们曾经把他人当替罪羊施以迫害一样，现在他们以同样的仇恨和报复欲望把攻击冲动转向了自己。在6号看来，这是抵罪的行为，也能使他们逃避或至少减轻权威的惩罚。

当然，他们这种自我惩罚并不是为了结束与权威人物的关系，而是为了重建自己的保护者形象。通过把失败加诸自身，他们至少可以免于被别人打败。此外，不管怎样，这种带给自己屈辱与痛苦的行为可以缓解他们的负罪感，减轻他们的自我责罚，使其不致走上自杀之途。因此从某些角度看，自我打击与自我贬损可以帮助他们脱离更可悲的命运。所以说，6号的自我惩罚是拯救自己的象征。

但是，进入第九层级的6号已经丧失了理性，他们往往无法掌控自己的行为，因此他们常常在自我惩罚的过程中做出极端的行为，导致严重的身心虚弱甚至死亡。比如，他们会甘愿自己沦为乞丐，也会甘愿酗酒。而他们让自己成为受虐狂的目的，不是因为他们能够在这种自我折磨中得到快感，而是因为他们希望自己的苦难可以吸引一些人站在自己一边来拯救自己，从而重建他们受人尊敬、值得信任的形象。当你发现一个宁肯被伴侣折磨得半死，也不肯离开伴侣的人时，一般都可以断定他是陷入第九层级的6号性格者。

PART 03
与6号有效地交流

6号的沟通模式：旁敲侧击

在九型人格中，6号绝对属于庸人自扰的一群。他们常常为精神上的单调无趣所困扰，常常质疑自我能力，并焦虑别人在忙些什么。在人际交往中，他们十分担心自己会被利用、被抛弃。

为了避免这种情况的发生，6号有着极高的警惕性，他们就好像极度警觉的足球守门员一样，不仅要提防被敌队攻破球门，也要提防自己的队员搞出"乌龙球"。也就是说，他们不停地防备真正或假想的威胁，挖掘表面下进行的一切。因为他们坚信，隐藏的动机和未说出口的议题，才是真正驱策言行的因子。即便他们未必清楚自己对抗的是什么，他们依然未雨绸缪，做好一切防范，反正这么做也无伤大雅。

然而，尽管他们内心充满了担忧，但他们往往不会在外表上表现出来，而是会以随和且温馨怀柔的态度，以旁敲侧击的方式去试探他人的反应，探知他人的真实意图。战国时候，齐宣王的王后去世了。当时任相国的孟尝君田文思考着：王后去世了，得尽快立个新王后才是。大王会立谁呢？王宫中佳丽甚多，其中受大王宠爱的就有七个。但是到底谁才是大王最钟爱的呢？这可是个难题，但是必须要圆满解决。因为如果孟尝君能知道齐王属意于谁，他就可以向齐王建议册封此人为新王后，齐王必会十分高兴，新王后也会感激他。这样对他未来的发展会大有好处。

怎样才能知道齐宣王心中的人呢？显然，直接问齐王不是一个好办法。最后，孟尝君想出了一个办法：他派人做了七对上等玉耳环，其中一对翡翠色的耳环，晶莹剔透，格外漂亮。耳环做好后，孟尝君将它们献给齐宣王，并刻意赞美那对翡翠色的耳环。

进献齐宣王的第二天，孟尝君便派夫人去拜访齐宣王的妃子们，从而得知那对翡翠色的耳环戴在杨妃的耳朵上了。

第三天早晨，孟尝君上朝，出班奏道："王后仙逝时日已久，宫中不可长期无后。臣听说杨妃才德过人，建议大王立为王后！"

"准奏。"齐宣王爽快地答应了。

孟尝君看出，宣王心里很高兴，他自己心里当然更高兴。孟尝君不愧是宰相之才，为了摸清宣王心中的隐秘，他并没有直接去找宣王或宫中人物刺探信息，而是想法让宣王自己显示出来，通过旁敲侧击的方法，为自己解决了难题，这一招实在是高。这也是典型的6号沟通的方式。

人们在与6号进行沟通时，要尽量坦诚相待，不要耍什么小心眼，不要兜圈子，内容要精确而实际。因为6号特别敏感，会很容易地觉察到你隐藏的动机和意义。也不要赞美他们，因为他们是多疑的，很难相信你对他们的赞美。也不要讥笑或批评他们的多疑，这会使他们更缺乏自信。总之，只要你能保持你的一致性，不要言行不一、变来变去，这样自然会让他对你产生信任。

观察6号的谈话方式

当人们和6号性格者交往时,只要细心观察,就会发现6号性格者具有以下一些说话方式:

★经常使用:慢着、等等、让我想一想、不知道,或者可以的、怎么办、但是……不确定的语言,给人的总体感觉是谨慎、拘谨。而这正是他们内心疑惑的表现。

★讲话时,语气语调比较低沉,节奏比较慢,谈问题时兜兜绕绕,很少切入正题,常从旁敲侧击的角度,去探测对方值不值得信任。

★6号的话比较多,特别是当他们想问一个问题和验证一件事情的时候,他们会不断地说过来说过去,话中充满着矛盾。

★6号的话语中理性、逻辑的成分非常多,甚至是情感、情绪也是以逻辑的形式表达,让人很难感受到他们真实自然的情感。

★在言语表达过程中,6号人格者喜欢绕弯子,做大量铺垫,来强调自己的"理",最后再让对方通过这些"理"明晓说话者内心想要表述的信息,至此,6号人格者收获一份被理解和支持的感觉。

★6号的话语中就很多转折词,比如,"这样很好……不过……""虽然……可是""……万一"等,他们总是给人一种过分担忧的形象。

读懂6号的身体语言

当人们和6号性格者交往时,只要细心观察,就会发现6号性格者具有以下一些身体信号:

★6号人格者的身材适中，因为他们需要足够的体力或者说能量来让自己感受到充实感。

★6号人格者的着装以便于打理为原则，朴实无华，但并不老土过时，只是深色居多、款式简洁而已。

★6号在身体语言上往往会有肌肉绷紧、双肩向前弯的表现。

★有着慌张、避免眼神接触的面部表情，有时候会瞪起眼睛盯着别人。

★感到紧张时，他会出现吞咽口水的不雅动作。

★6号人格者的眼神总是焦虑的、不安的，颧骨部位的肌肉总是紧张的，即便他们在笑的时候，眼神的焦虑和颧骨部位肌肉的紧张感也不退场。

★说话的时候，6号总是边想边说，因此他们的眼睛总配合大脑警惕地转动。

★行走、站立以及坐卧都会表现得局促不安，与人共处同一环境时一定会为自己与对方保持一个安全的距离，特别是他们在陌生环境或内心不确定是否安全的时候，常给人一种冷冷观察并在内心盘算的感觉。

★当他人与自己立场不同的时候，6号人格者局促不安的动作会更加明显。

向6号学习"中庸"

6号喜欢怀疑自己，因而他们常常是不自信的，而且，他们又擅长于负面思考，总是绞尽脑汁地想要找出可能出错的地方，因此他们总是时刻保持沉着冷静。从这两个性格特征来综合看待,就会发现:6号是小心谨慎的人群,因此他们在为人处世中多奉行中庸之道,不喜欢表现自己,甚至在结果已经明确是他们所为的时候,他们也不愿承担这些荣誉和成就,而会强调是大家共同努力取得的成绩。

6号注重团队精神,是因为他们内心总会有一种"枪打出头鸟"的担忧,因此独自一人面对问题或承担责任对6号人格来说是一份危险,所以他们更愿意融入团队或环境的氛围里,以共同承担的方式采取行动,分担风险。为了保住这份安全感,他们对团队忠心耿耿且安于现状,因为一旦转换环境可能要面对人际关系上的风险。

此外,6号反抗权威却又忠诚于强大的权威,由于不安全感和逻辑判断的思维方式,让6号人格对权威人士怀有一种既"尊敬"又"怨恨"的情绪。他们一方面希望依靠权威人士收获安全感,另一方面又因为权威人士不可能只让他一人依靠而抱怨对方不能给自己提供绝对的安全感。他们给人一种"万年老二"的感觉。种种迹象都表明,6号是中庸主义的忠实信徒。

在中国,中庸就是做事有分寸、知晓进退的原则,而绝非毫无原则的世故。中国人做事说话喜含蓄,不会量化,这个分寸究竟是几分几寸,没有人告诉你标准答案,也没有标准答案,完全靠自己去悟。简单来说,起码要做到在原则问题上不动摇。冯道曾事四姓、相六帝,在时事变乱的80余年中,始终不倒,令人称奇。首先,此人品格行为炉火纯青、无懈可击,清廉、严肃、淳厚、宽宏;其次,深谙中庸处世之道,深浅有度,中正平和,大智若愚。冯道有诗云:"莫为危时便怆神,前程往往有期因。须知海岳归明主,未必乾坤陷吉人。道德几时曾去世,舟车何处不通津。但教方寸无诸恶,狼虎丛中也立身。"姑且不论冯道是不是6号性格者,他所拥有的中庸主义人生可谓追求中庸的6号向往的交际最高境界。真正谙熟中庸之道的人是大智慧与大容忍的结合体,既有勇猛斗士的威力,也有沉静蕴慧的平和，对大喜悦与大悲哀泰然自若。行动时干练、迅速，不为感情所左右；退避时，能审时度势、全身而退，而且能抓住最佳机会东山再起。

  总之，保持中庸、深浅有度、恰如其分是6号为人处世的最高境界，锋芒毕露往往为世俗所不容，过于委曲求全又被视为软弱，只有外圆内方、刚柔并济，才能在纷繁复杂的人际场中周旋有术，游刃有余。如果人们在与6号交流的过程中能够做到中庸主义，就能有效拉近你们的距离，容易赢得6号的信任，甚至可能赢得6号的忠诚。

第八篇

7号享乐型：天下本无事，庸人自扰之

7号宣言：我要好好利用生活赋予我的一切机会来享受人生。

7号享乐主义者是一个快乐、积极乐观、为新奇事物而感到兴奋的人。他们充满活力、精力充沛，总是喜欢设想好的结果，常常同时做着好几件事情，但并一定能把每件事情坚持到底。因为他们追求行动的自由，因此他们很难从头到尾地完全投入到某个长期的计划之中，除非在实施这个计划的同时他还有别的选择。

PART 01
7号享乐型面面观

7号享乐型面面观

自测：你是享乐至上的7号人格吗

请认真阅读下面20个小题，并评估与自身的情况是否一致，如果某一选项和你的情况一致，那么请在该选项上划上钩作为标记：

1. 我认识很多朋友，我也有很多爱好。

□我很少这样□我有时这样□我常常这样

2. 我喜欢寻求开心和快乐，我不喜欢那些沉闷的场合。

□我很少这样□我有时这样□我常常这样

3. 我喜欢新的、充满乐趣的体验。

□我很少这样□我有时这样□我常常这样

4. 我不喜欢别人强迫我做事。

□我很少这样□我有时这样□我常常这样

5. 我希望别人觉得和我在一起很有趣。

□我很少这样□我有时这样□我常常这样

6. 我十分健谈，我常与朋友分享很多好玩的事。

□我很少这样□我有时这样□我常常这样

7. 在聚会中,我常常成为大家关注的焦点。

□我很少这样□我有时这样□我常常这样

8. 我对所有人采取开放的态度,不怀疑也不批判。

□我很少这样□我有时这样□我常常这样

9. 最好有问即答,我不喜欢等。

□我很少这样□我有时这样□我常常这样

10. 我通常很难认错,我常会找出一些理由来解释所犯的错误。

□我很少这样□我有时这样□我常常这样

11. 我讨厌无聊,喜欢尽可能忙碌,每天的活动都排得满满的。

□我很少这样□我有时这样□我常常这样

12. 我喜欢上餐馆、娱乐、旅行和朋友谈天说地的美好享受。

□我很少这样□我有时这样□我常常这样

13. 我逃避与贫穷、依赖和消极的人做朋友。

□我很少这样□我有时这样□我常常这样

14. 大部分人觉得我是一个友善、爽朗、精明、活泼和有魅力的人。

□我很少这样□我有时这样□我常常这样

15. 我觉得自己是一个头脑灵活、变化快,喜欢新鲜、刺激和精力充沛的人。

□我很少这样□我有时这样□我常常这样

16. 我不喜欢接受规范,我喜欢我行我素,我总认为"只要我喜欢,没什么不可以"。

□我很少这样□我有时这样□我常常这样

17. 我计划的事比完成的更多。

□我很少这样□我有时这样□我常常这样

18. 我喜欢刺激和紧张的关系,而不是稳定和依赖的关系。

□我很少这样□我有时这样□我常常这样

19. 我通常能够很快从失败中复原。

□我很少这样□我有时这样□我常常这样

20. 我是一个乐观、热心、思想正面、可同时做好几件事的人。

□我很少这样□我有时这样□我常常这样

得分标准:

我很少这样——0分;我有时这样——1分;我常常这样——2分。

测试结果:

8~10分:稍有享乐型倾向,个性活泼、朋友众多,在分享中能找到更多的乐趣。

10~12分:比较典型的7号人格,非常喜欢找乐子,总能为别人带来乐趣。不喜欢独处,讨厌无聊,渴望在团队中被注视,同时娱乐大家。

12分以上:典型的7号人格,只做好玩的事情,并且会好玩地做事情。无法忍受无聊和重复,一旦发觉所做的事情不是那么有乐趣,会迅速逃离。

7号性格的特征

7号性格是追求享乐的乐天派,他们天性乐观,喜欢追求新鲜刺激的体验，对于生活中的困难他们常常抱一种无所谓的乐观态度，他们总是大大咧咧，精力充沛，言谈举止掩饰不住搞笑，甚至给人一种"没心没肺"的感觉。他们的人生信条是："我的快乐我做主！"

他们的主要特征如下：

★乐观开朗，活泼好动，是快乐的天使，常给周围带来快乐。

★考虑问题很积极，但真的发生问题，可能会以追求快乐的行为来逃避。

★害怕沉闷的生活，总是积极参加各种新奇和刺激的活动，追求多元化的快乐感觉。

★喜欢拥有多重选择，单一的选择会让他们觉得索然无味。

★他们常常是社交场合活跃气氛的关键人物，是不可或缺的开心果角色。

★只要有新奇事物存在，他们就会乐此不疲地去享受这种新奇的感觉。

★他们待人坦诚率真，感情不加掩饰，常常给人一种没大没小的感觉。

7号性格的基本分支

7号性格者喜欢追求快乐，他们害怕生活单调乏味，这样的特点，使其在情爱关系上便常常会展现魅力去诱惑他人，在人际关系上表现为牺牲自己的部分快乐，为了寻求长久的快乐，另外会采取和自己的相似者相处作为保护手段。

1. 情爱关系：魅惑

7号性格者渴望进行一对一的接触，并且主动施展魅力。在恋爱关系上他们常常显得有些风流，总是要留下些风流韵事。他们对于一段关系常常开始显得很有热情，但很快就会转移注意力。为了维持婚姻的长久，他们常常需要克制自己的情感。"我觉得自己经常喜欢在异性面前表现自己，我谈了一个女朋友，可是很快我就想要更多的快乐，我不想把自己限制得太死。我也非常喜欢拥有多种选择性的感觉，一些人确实把我称为是大众情人。"

2. 人际关系：牺牲

7号性格者在人际关系中会选择把注意力朝向团体的快乐，他们甚至愿意牺牲自己眼前的快乐而谋求团体的福祉。他们相信，所有的牺牲都是临时性的，未来的结果还是积极美好的。"我的家境并不好，我尽管有很多好玩的想法，但是都会尽力去克制自己，因为我知道我不能为自己的父母增添负担，我应该做出一些牺牲，这是必需的，我觉得没有什么不可以。当然，我也总是怀着美好的憧憬，并且时不时给自己一些小的奖励。"

3. 自我保护：寻找相似者

7号性格者喜欢寻找相似者，他们志趣相投，这样的氛围让他们感觉安全，有大家庭一样的归属感，从而可以来缓解自己对生存的担忧。他们喜欢和他们想法相同的人，喜欢大家一起分享梦想。和他们在一起，自己常常能得到鼓励和支持。"我喜欢一群朋友在一起的感觉，在那里我没有任何压力，大家可以接受我的天真烂漫，大家无话不谈，日常生活的压力因之而去。和他们在一起，我觉得我是一个很有想法和追求的人，而他们也总会让我感觉到自己是有力量的，可以去追寻自己的梦想。"

7号性格的闪光点

追求享乐的 7 号性格有很多优点,以下这些闪光点值得关注:

1. 活跃气氛的高手
7 号常常是工作或者社交场合的开心果,有他们的地方就有笑声,他们给这个世界带来欢乐,是活跃气氛的高手。

2. 敢于冒险的尝鲜者
7 号常常只需要较小的把握就敢于行动,他们寻求刺激,他们更在乎过程而不是结果,这常常让他们拥有更多的机会。

3. 拥有广泛兴趣
7 号的兴趣常常十分广泛,是人们眼中的全才,常常多才多艺。

4. 富有创意的点子王
7 号常常有很多的主意,他们总能想出一些新鲜的点子来。他们创意不断,称得上是富有创意的点子王。

5. 善于制订计划
7 号常常善于制订一个具体的计划,应该采取什么步骤,应该采用什么方法,他们常常能够提前安排好。

6. 优秀的公关人员
7 号善于交朋友,他们常常拥有各种类型的朋友。他们拥有一颗童子的心,非常能感染别人,是很好的公关人员。

7. 具有抗挫折的能力
7 号受到挫折,常常可以很快从悲痛中走出来,他们的抗挫折能力很强,具有旺盛的生命力,这对他们的事业和人生发展大有好处。

7号性格的局限点

追求享乐的7号性格也有一些缺点,以下这些局限点应该警醒:

1. 缺乏耐性
7号很容易被不同的事物吸引,因此他们做事情常常只有三分钟的热度,总是显得虎头蛇尾。这样缺乏耐性,常常使得7号难以成就大事。

2. 过度自恋
7号常常会有些过度自恋,他们常常觉得自己无所不能,觉得自己在生活中是多面手,他们这样的心理常常影响他们不断内省和进步。

3. 做事情浅尝辄止
7号常常把自己的行为面铺得很宽,但是他们很难深入思考,浅尝辄止地去做事情常常使得他们不能够成为一个有深度的人,也很难得到很大的成长。

4. 盲目乐观
7号常常抱着盲目乐观的态度去看待周围的事情。他们常常会压抑不好的想法,专注于正面的事情,这也使得他们难以看到实质性的问题和真正的困难。

5. 难以注意他人感受

7号常专注于玩乐的事情，却难以注意他人的需求。另外，他们常常非常随性，说话口无遮拦，有可能无意中给别人造成深深的伤害。

6. 难以承受痛苦

7号常常不自觉地逃避现实中的困难，很难对自己严格要求。他们会用享乐来逃避责任，逃避可能让自己痛苦的事情，没有承担痛苦的勇气。

7. 逃避责任

7号如果发生错误，常常会推卸自己的责任，把自己的过错合理化。他们还爱好自由，对于身上所加的责任常常很快摆脱，不断逃避自己的责任。

8. 难于承诺

无论是爱情还是生活，7号常常害怕做出承诺，而且即使无奈承诺也会不守信用，他们的这种行为难以让他人和他们建立深厚的关系。

7号发出的4种信号

7号性格者常常以自己独有的特点向周围世界辐射自己的信号，通过这些信号我们可以更好地去了解7号性格者的特点，这些信号有以下4种：

1. 积极的信号

7号性格者不断向周围世界释放着一些积极的信号。

7号是快乐的天使，日常的生活和工作因为他们而会更加具有快乐的色彩，他们走到哪里都会带来欢声笑语。

2. 消极的信号

7号性格者也不可避免地向周围世界释放一些消极的信号。

7号过度自恋，常常只是关注自己的安排和自己的快乐，难以注意他人的需求，看上去对他人漠不关心，似乎是没心没肺的人，和他们在一起，难以感觉到他们对他人的关心。

3. 混合的信号

7号性格者发出的信号很多时候是混杂的，会让人难以捉摸。

他们经常给自己保留多种选择，甚至有时候他们的选择可能前后矛盾。这样的生活方式会表达出很多信息，让你难以知晓他们到底要怎样，对想法也会有点摸不着头脑。

他们寻求自己的兴趣和快乐，真心的承诺对于他们来说显得困难。他们的注意力会时有时无，这些都让人感觉他们的游移不定。

4. 内在的信号

7号性格者自身内部也会发出一些信号。

7号常常陷入迷惑，很难分辨哪些是自己真心想要的，而哪些是自己的一时兴起，因而他们常会陷入选择的困境中，不知道该选择哪条道路。

他们似乎是在被外力推动下做出的选择，或者放弃一些选择，他们难以主动去进行取舍。他们的内在因为这种迷惑，也会陷入自我的迷失而不断挣扎。

PART 02
我是哪个层次的 7 号

第一层级：感恩的鉴赏家

第一层级的 7 号不会为寻找快乐而烦躁，他们会对现实不断接受，怀着一颗感恩的心，用自己的心去欣赏周围的一切。他们发现快乐就在身边，自己只需要接受周围的事物，就可以得到足够的快乐。

他们对现实产生信心，不再强求环境给自己提供什么，不会不断去行动追求自己心中要求的"享乐"，他们会一点一滴地享受当下的经验。通过这种方式，生命中的每一刻都成为自己找到快乐的源泉。只要他们能够真正去接受，现实足以满足自己追求快乐的心，现实不仅可以让自己感到快乐，甚至可以让自己达到狂喜的状态。

他们开始接受现实的本质，开始无条件地热爱生命，不断肯定生命的价值。他们承认现实中自己的内心依旧会脆弱或者焦虑，但是他们能意识到这是生命的原本面目。

他们的内心常常充满喜乐，用感恩的心鉴赏周围的一切。他们把每件事都视为礼物，不再给生命中的快乐附加条件。他们开始专注于生命中真正美好的东西，专注于真正有永久价值的东西，对他们来说，现实中的快乐是没有穷尽的，当下所拥有的已经足够，自己已经找到了真正的快乐之源。

第二层级：热情洋溢的乐天派

第二层级的 7 号开始焦虑，他们对生命丰富性的信仰有所缺失，担心生活本身不能满足自己的需求，于是他们开始积极主动地寻求快乐。他们显得精力旺盛，是热情洋溢的乐天派。

他们不能够充分体验现实，开始预期未来的经验，开始思虑自己想要做的事，或思虑如何才能得到快乐和幸福。于是，他们开始渐渐偏离现实，现实的本身状态难以让他们满足，注意力焦点开始指向周围的外部世界，对这个世界的感觉不断刺激着他们，这些都让他们感觉兴奋。他们也能深切地意识到自己是快乐的、热情的，而这正是他们生活的目标。

他们面对现实的态度相当积极和富有感染性，是如此的乐观和活跃，有极度的热忱和丰富的好奇心。他们常常拥有许多天赋且得以全面发展，即使年老，也依然能够保持着年轻的心态。他们拥有顽强的生命力，不怕伤害和挫折，面对困境他们有着积极乐观的态度，他们深信："如果生活只是给你一个柠檬，那么你还可以榨一杯柠檬水喝。"

第三层级：多才多艺的全才

第三层级 7 号担心无法维持自己的快乐，为了确保自己可以获得快乐体验，他们开始形成一种务实的实用主义态度。他们相信，只要自己有足够的自由和财力，自己就可以过上令人满意的生活。而要使得自己达到这一点，自己必须多才多艺，为这个社会做出自己的贡献。

他们对于做事非常关注，希望自己产出创造性成果和工作业绩，他们的热情找到了一个发泄的出口。他们是极其多才多艺和具有创造力的人，只要专心致志，就能把事情做好，就能生产很多有价值的东西。

他们学得越多，继续学习的可能性就越大。他们常常不只是自得其乐，而且也能不断给他人提供很多产品和服务，给他们带去快乐和享受。他们乐于分享，让他人愉悦，常常受到人们的欢迎。他们的人生成果不断，是多产的生产者和服务者。

第四层级：经验丰富的鉴赏家

第四层级的7号期待快乐和满足，他们开始迷恋多样化的事物，不愿错过所有能使自己快乐的事物。他们的欲望不断增加，对很多事物变得越来越有经验，并想要尝试所有的事物，这样他们的内心才会得到满足。

他们害怕错失比现有的更令人兴奋的东西，总是迫不及待要求新的体验。他们如此热爱生活，烦躁也显得很多，他们总是想换个口味。

他们有着丰富的体验，依然多才多艺。他们拥有很多肤浅的体验，每天忙忙碌碌，日程表排得满满的，对新事物尝试的新鲜感消失很快，很快就会产生新的欲求，然后再忙着寻找别的东西。

他们常常成为有"品位"的人，知道如何去过高雅的生活，享受生活是他们的人生乐趣。他们最渴望强烈的感觉，讲究饮食、追求衣着，在他们的财力限度内，常常要求自己达到最大的时尚感和刺激感，喜欢奢华的生活。

对于该层级的 7 号而言，问题在于，随着欲求的不断上升，他们并不能得到真正的满足，而且他们对于品质的判断力也会越来越差，肤浅的消费让他们陷入饮鸩止渴的怪圈。

第五层级：过度活跃的外倾型

第五层级的 7 号是过度活跃的外倾型，他们害怕无事可做，这会让他们感觉焦虑，不断地将自己胡乱投入各种活动中，以寻求新鲜的经验。他们冲动不断，并在这种冲动中不断消耗着自己的生命。

他们不会拒绝任何事情，渴求多彩多姿的变化，其他人很难跟上他们的节奏，但他们对于思索自己的行为或反省自己的生活没有丝毫兴趣。他们爱好公众生活，喜欢任何有趣的宴会和把酒言欢，这每每让他们欢呼不已。

他们极少用严肃的态度看待事物，面对自己的焦虑，他们常常用投入欢乐进行逃避的方法来处理。他们很少用心倾听他人说话，总是渴望自己成为众人注意的焦点。他们频繁转移话题，但也会经常打断对方的话，不让人把话讲完。

他们的注意力非常分散，会做太多不同的事情，而常常因为这样连最小的事也做不好。具有讽刺意味的是，对于自己所做的一切，他们对由此而来的经验没有真正的认识，因为他们没有深入地研究。

他们开始害怕孤独，不能让自己安静下来。他们无法让自己待在安静的环境中，对生活只重视量，却不会去重视质。他们变得越来越幼稚，无休止的浅薄活动严重影响他们的生活，也使得他们渐渐失去周围人的支持。

第六层级：过度的享乐主义者

第六层级的 7 号是个过度享乐主义者，他们需求更多，变得贪婪而急躁，所有需要都必须立即获得满足。

他们以财富为最重要的价值标准，认为金钱可以帮助自己得到想要的任何东西。他们把所有的钱都花在自己身上，结果常常陷入财务危机。他们极端物质主义，不想放弃任何获得自己所想要的东西的机会。

朋友和他人对他们而言只是玩伴，那个关系若无法带给他们快乐，他们就会选择放弃。他们的婚姻可能只持续一两年，新鲜感没有了，他们就会放弃，转入新的关系。

他们拥有很多，但并不满足，甚至会嫉妒一些似乎比自己拥有更多的人。他们变得不愿意与他人分享，也不愿意他人依赖自己，他们只关心自己的利益。他们冷酷无情，不顾及自己行为的后果，也不愿意承担自己应尽的责任。

第七层级：冲动型的逃避主义者

第七层级的 7 号是冲动型的逃避主义者，他们从事的活动给周围的人带来麻烦，也无法追寻到自己的快乐，如果痛苦超出了其所能承担的限度，他们就可能会更加用冲动去进行逃避。他们不会反省自己的经验，把大量时间花在感兴趣的事情上。

他们让自己保持在活跃状态，变成了真正的无可救药的逃避主义者。他们不仅仅是无节制，甚至完全不加甄别，任何事物只要能够提供快乐或有助于消除紧张和焦虑，他们都会来者不拒。

他们总在寻求新刺激，直到把自己折腾到筋疲力尽为止，必要的话，甚至可以几天不睡觉，以至于他们无法也不想集中注意力或与外界有真正的接触。他们其实心里一点也不快乐，只是为了活动一下才这么做。他们因为害怕一人独处，甚至会强迫别人也加入自己的自我毁灭的放纵行为。如果你不和他们把酒言欢，他们甚至会跟你翻脸。

第八层级：疯狂的强迫性行为

第八层级的 7 号开始陷入疯狂的强迫性行为，他们担心自己会完全丧失享受快乐的能力，为了缓解这种焦虑，安抚完全失去了控制且极度不稳定的情绪，他们忍不住强迫自己参与到各种行为当中去。

他们陷入妄想，越来越亢奋，觉得自己能够实行一些伟大的计划，事实上他们并没有那样的能力。他们会强迫性地参与各种不同的活动，强迫性地购物，无休止地赌博，滥用药品和酒精，强迫性地进食，甚至去制造各种各样"冒失"的恶作剧。

他们让周围的人难以适从，其心情、思想和行为都极为善变。而且当他们之间很难有效沟通，和他们讲理或尝试去限制他们"精神亢奋"的状态,都会遭到他们的极力反对。他们自己成为麻烦的制造者,而不再是曾经的快乐开心果。

第九层级:惊慌失措的"歇斯底里"

第九层级的 7 号陷入惊慌失措的"歇斯底里",生活压迫他们至无处可逃的地步,没有东西可以依赖,陷入歇斯底里的恐怖之中,无法以行动或做任何事来帮助自己,似乎只有在恐惧当中迎接死亡。

面对形形色色的现实焦虑,他们无处可逃。焦虑对他们而言极具威胁性,所有痛苦的、可怕的潜意识中的东西会全部向他们袭来,恐惧、创伤、混乱纷纷袭来,他们变得惊慌失措,根本不知如何应对。

他们已经完全醒过来,但却发现已经无处可以藏身。他们的身心承受力推到极限甚至超出极限,他们可能疾病缠身,或者拥有早已透支的精力,以免更增加自己的痛苦。

他们迷恋经验和刺激,但很少真正地去接触自己的内心,很少去注意周围的世界。周围的情况越来越恶化,他们认识到自己错误,但是一切都已离他们远去,留给他们的只能是无尽的恐惧和绝望。

PART 03
与 7 号有效地交流

7 号的沟通模式：闲谈式沟通

7号的沟通习惯是喜欢没有一定中心地谈无关紧要的话，与人进行闲谈式的沟通，这是他们的沟通模式。

这常常可以帮助他们与别人建立亲密的关系、缓和紧张气氛，也会在别人心目中树立一个平易近人的良好形象，在闲谈中他们显得见多识广，兴趣广泛，是个很好的谈话者。

但是，他们的谈话常常没有明确的目的，只是按照自己喜欢的方式来谈，他们的注意力非常分散，他们的谈话似乎都是即兴的。他们喜欢分享自己的想法，分享自己喜悦和哀愁。当他们兴奋的时候，常常会抓住一个人就会说很多，也不管对方感不感兴趣，他们只顾自己一吐为快。

他们谈话的时候，注意力常常被周围的新鲜事物及资讯吸引，仿佛闲谈一般。与人交流，他们常常抱有一种轻松愉快的态度。他们也希望你也能以这种态度与他们交谈，他们对于严肃、拘谨、无趣的人没有好感，也会因为受不了沉闷而选择离开。

他们一进入闲谈的圈子，常常便很快就成为"中心人物"，有的人说起来索然无味的话，他们却常常能谈笑风生，让人听了忍俊不禁，又顿开茅塞。不知不觉中一两个小时就过去了，而交谈方根本不会感到丝毫厌烦。

他们的话题不拘一格，可以是体育、餐饮，也可以是从前的电影等，他们海阔天空地谈一些对方感兴趣的事情，当然他们也可能想到什么说什么，喋喋不休，不着边际地瞎聊，白白浪费宝贵的时间。

观察7号的谈话方式

7号喜欢欢乐，他们期待周围的人和事物都让自己快活，他们的这种心理特点使得他们的谈话显得轻松有趣，会让周围的人感觉到兴奋和欢快，但是另一方面，也可能使得他人感觉到自己总是被他们捉弄，或者被他们所忽视。

下面，我们就对他们的谈话方式进行一个简单的说明：

★7号人格语速很快，声音洪亮，他们的谈话显得很有活力和激情，很难感受到烦恼和愁绪，但也显得夸张和急躁。

★他们常常喜欢一个人说，很难有耐性去听别人讲述一件事情。他们甚至经常打断对方，努力把话题导引到的领域。他们这样的特点常常让人感觉有点粗鲁和不近人情。

★他们说话往往喜欢直来直去、一针见血，他们只求自己的嘴巴快乐，因此常常会说出一些让别人可能难堪的话，把人得罪了但自己还不知道。他们有些时候也会显得刻薄，得理不饶人。

★有他们的地方常常有笑声，他们常常语不惊人死不休，他们经常用的词有：快乐、开心就好、无所谓、没事的、这事还没完、快点等。

读懂7号的身体语言

当人们和7号性格者交往时,只要细心观察,就会发现7号性格者具有以下一些身体信号:

★7号常常充满活力,他们的身体语言不会给人弱而无力的感觉。

★他们走起路来给人风风火火,似乎总是在蹦蹦跳跳。

★7号常常喜欢佩戴一些有意思的饰品来装点自己,但他们很少顾及饰物是否与衣着协调,只是图个新鲜好玩。

★7号的眼神充满活力,总是有一种闪耀的光芒,显得古灵精怪。

★他们常常是笑容满面,挂着是开心开怀的笑容。

★他们的眼神和面部友情非常丰富,从不掩饰自己的喜怒哀乐。

★他们快乐的表情远远多过悲伤的表情,他们是天生的乐天派。

通过身体语言,我们可以作为参考,去辨别一个人是不是7号,去判断他们的心理状态,也可以作为和他们交流的一个重要参考。

第九篇

8号领导型：王者之风，有容乃大

8号宣言：我是天生的领袖，我要做强者。

8号领导者是一个很有条理、有效率、自信、坦率的人。他们有很强的实力，善于利用自己的特长，毫无保留地支持自己认为有价值的事情，并且能够迅速地采取行动。他们追逐权力与地位，争强好斗，但也能尊重那些坚持自己立场的人，即便这个人是他们的对手。同时，他们又追求公平和正义，能够保护弱小者，尤其保护那些属于他们阵营的人。

PART 01
8号领导型面面观

8号性格的特征

8号性格是九型人格中的"统治者",他们在生活中希望依靠自己的实力来主宰生命,并且喜欢控制身边的一切人和事物。他们处于优势时,常常毫不掩饰自己的王者风范,当处于劣势时,也常常在积蓄力量,等待时机去充分反击。他们霸气十足,有勇有谋,绝对掌控一切,他们的人生信条是:"一切听我的。"

他们的主要特征如下:

★关注宏观战略,小事情或细枝末节喜欢让人代劳。

★相信"强权就是公理",专横霸道,喜欢掌控身边的一切。

★富有正义感,喜欢为自己争取公道,也不惧为他人两肋插刀。

★自己的行事准则:不允许别人指指点点,或表现出任何不尊重。

★富有进攻性,可能随时会表现愤怒,但脾气来得快,去得也快。

★没有耐心倾听反面意见,难以认识自身的缺点。

★专向难度及规则挑战,是"明知山有虎,偏向虎山行"的典型。

★轻视懦弱,尊重强者,喜欢在正面冲突中决不退缩的人。

★喜欢过度而极端的行为,比如沉迷于美酒佳肴、无休止的夜生活、大运动量的运动，甚至没完没了地去工作。

★表情威严，昂首阔步，目中无人，笑容爽朗。

★说话直截了当，常用"我告诉你"，"听我的"，"为什么不能"。

8号性格的基本分支

8号性格者希望一切在自己的控制中，他们讨厌失去控制的感觉，这样的特点使得8号性格者陷入一定程度的偏执。因为这种偏执，他们在情爱关系上要么是控制对方，要么就是臣服于对方，在人际关系上要么是寻求保护者的角色，要么就是寻求被保护的角色，并且把满足个人欲望的生存作为自我保护的手段。

1. 情爱关系：控制 / 臣服

8号性格者希望能够完全控制爱人的行为，让他们按照自己的想法去做事，不惜使用强迫的手段。但是当他们完全相信某一个人的时候，却又可能放弃自己的控制欲望，转而臣服于对方。"我希望完全占有自己的爱人，她所有的秘密我都要知道，我要随时给她咨询和建议，我希望完全安排她的生活。我和她之间经常会有一些争吵，她觉得和我在一起完全没有自由，但是当有一天，我意识到她对我绝对忠诚的时候，我就不再刻意去挑战，不再严格去控制，而是转而臣服于她。"

2. 人际关系：保护 / 被保护

8号性格者喜欢那些受他们保护的人和那些保护他们的人，他们之间常常可以建立友谊。当然，8号性格者常常以冲突的方式和他人建立信任，常常结交众多的朋友，然后一起工作或玩乐，确保每个朋友都享受生活，而且在需要的时候提供相互的支持与保护。"我喜欢交朋友，我喜欢和朋友共度的时光。我信奉．不打不相识．的信条，我的朋友都是通过考验的。朋友对于我是非常安全的信息来源，我信任他们，我们彼此坦诚，不需要防备，我渴望友谊，就是看重这种坦诚和互助。我愿意做一切事保护我的朋友，而我也知道，当我有事情的时候，他们也会这样对待我。"

3. 自我保护：满意的生存

8号性格者对周围的一切，比如自己的空间领域，比如自己的物品，比如自己稳定的生活状态都要求控制，这样自己才能够满意地去生活。他们希望一切随自己的心意，而不是随从他人的安排，那样被控制的后果只能是让自己恐慌。"对于生活，我希望一切在我的掌控中，这样我才能够满意。我对自己的私密空间特别重视，睡觉前常常不自觉地去检查家里的每一扇门窗，确保安全。谁进了我的房间，是不是有谁用过了我的电脑，甚至如果人们没有在吃早饭的时候，给我留下足够的小米粥，我都会觉得自己被侵犯了，就会忍不住非常生气。"

8号性格的闪光点

追求控制的8号性格有很多优点，以下这些闪光点值得关注：

1. 疾恶如仇，崇尚正义

8号性格者看重公平正义，对于黑暗的恶势力深恶痛绝，也有大胆反抗的勇气。

2. 不害怕冲突

8号性格者在冲突中不会退缩,反而能站出来维持正义,不惧怕任何挑战。

3. 直率坦诚

8号性格者的言行毫无诈术,想要什么都会告诉你,喜欢打开天窗说亮话,这种直率和坦诚,常常让他们可以尽快找到最好的解决方式。

4. 重情重义

8号性格者有情有义,如果你是他们圈子的人,他们会尽一切力量保护你,但前提是你必须忠实和可靠。

5. 善交朋友增强影响力

8号性格者重视朋友,喜欢当主角,常主动和朋友联络聚会。他们选择朋友眼光敏锐,可以很快发现能让自己获利的对象,这种眼光对他们的事业发展极为有利。

6. 富有领袖气质

8号性格者喜欢改变,不喜欢被操控,有成为领袖的欲望。他们善于谋划,愿意承担责任,能为他人出头,也能给他人分配工作,是极具领袖魅力的人。

7. 有开拓精神的创业家

8号性格者喜欢自己当家做主,实现自己的支配欲,有创业欲望;他们常胸怀大志,用梦想吸引他人加入;他们不惧挫折,愈战愈勇,是具有开拓精神的创业家。

8. 不知疲倦的工作狂

8号性格者常常给自己设立一个长远目标,并且为之卖命工作,干劲十足，常常挑战自己身体的极限。

8号性格的局限点

追求控制的8号性格也有一些缺点，以下这些局限点应该警醒：

1. 对自己内心的愿望浑然不觉

8号性格者关注外部世界，捍卫正义，希望一切尽在掌控中，但是常常不能审视内心，也不能获知自己的真正愿望。

2. 不能控制自己的愤怒

8号容易发火，而且难以控制自己的愤怒，他们常常因为这一点而伤害周围的人，也容易让他们陷入糟糕的人际关系中。

3. 过分寻求刺激

8号性格者常常寻求依赖酒精、性、毒品、香烟，喜欢无休止的狂欢，喜欢大的运动量，过度信赖速度和力量，对消耗精力感到充实。

4. 行事冲动

8号性格者讨厌反复思考，享受掌控局势的满足感，有时会忽视自己能力，逞匹夫之勇而造成一些遗憾。

5. 专横独裁

8号性格者脾气暴躁，常常自以为是，即使发动大家讨论，但还是要一意孤行按自己的想法来，可能会陷入偏执。

8号发出的4种信号

8号性格者常常以自己独有的特点向周围世界辐射自己的信号,通过这些信号我们可以更好地去了解8号性格者的特点,这些信号有以下四种:

1. 积极的信号

8号性格者不断向周围世界释放着一些积极的信号。

他们如果对你产生信任,就会把你视为他们生命的一部分,会为你提供保护,如果你够强大,他们也期待着你的保护。

他们可以给你的生活带来兴奋和活力,他们生机勃勃,富有朝气,乐于和人交往,并且让你感受到他们的热情、坦诚和幽默风趣。

他们勇敢果断,善于授权,给他人成长和提高的空间和机会,他们是先开枪后瞄准的积极行动派。

2. 消极的信号

8号性格者也不可避免地向周围世界释放一些消极的信号。

他们不会承认自己有错误,如果别人指责自己,那么他们常常会狡辩,并且反驳对方的错误,和别人吵得不可开交。

他们特别强势,富有进攻性,总是要让自己控制一切。他们常常会主动过界,常常是冲突的首先制造者。

他们把发怒作为力量的展示,认为这样才有真实的掌控感。他们言语肆无忌惮,这样常常会伤害亲人和朋友。

3. 混合的信号

8号性格者发出的信号很多时候是混杂的,会让人难以捉摸。

他们发出的信号是充满矛盾的统一体,一方面是铁骨铮铮的硬汉形象，试图从生活的点点滴滴去控制你和命令你，另一方面，他们又是内心情感无比脆弱和细腻的形象，愿意好好照顾你、关心你、讨好你。这一切常常会让周围的人感觉到迷惑。

4．内在的信号

8号性格者自身内部也会发出一些信号。

他们难以发现自己的指责实际上代表了内心的脆弱和担心。指责和控制似乎代表强大和控制，但实际上在它的下边是深深的恐惧，他们担心自己无法控制局势。因为这种恐惧，他们总是要主动出击，要先把局势稳定下来。即使感觉自己似乎过分的时候，他们的思想还在告诉他们："千万别示弱，示弱的话情况可能会更糟糕，一定要坚持住。"

他们常常提前假设最坏的情况，不愿意看到这些事情发生，他们如果对自己的假设进行一定程度的修正，也许可以发现某些情况并没有发生，而自己也可以少给别人造成负面的影响，自己也能真正提升自我。

PART 02
我是哪个层次的 8 号

第一层级：宽怀大度的人

第一层级的 8 号不试图去刻意掌控他人，他们对他人充满同情心，无微不至地为他人着想，是一个宽怀大度的人。

他们对自我不断加以控制。他们知道自己该做什么，也知道不能冲动和贸然去行事。他们学会了等待，对自己的情绪有良好的觉知和掌控。

他们对他人的掌控显得更加有效。他们和他人不刻意对抗，心怀善意，对别人宽容大度，给别人丰富的自由度和选择权。此时，他们对外界的掌控并没有降低，反而是增强了。他们独立的地位不可撼动，拥有旺盛的生命力和执行力，更加深刻地影响更多的人。

他们坚持自己的愿望。他们有自己的追求，志向高远，坚守自己所相信的原则。他们寻求利益的最大化，常常可以成就卓越的事业。

他们对他人深怀爱意。他们常常想减轻他人的负担，希望每个人都能过好，谋求众人的利益。他们造福整个世界，他们的爱带给世界更多的和平，也让大家的生活更加丰富多彩。

他们拥有独特的精神魅力。他们显得天真纯朴，有一颗赤子之心。他们温和而宽容，体贴而坦诚，心怀伟大愿景，鼓舞和激励众人一同前行，极富感召力和领袖魅力。

第二层级：自信的人

　　第二层级的 8 号相信自己的能力，具有极高的自信心，他相信自己可以掌控周围的一切，可以掌控自己的命运。

　　他们相信自己可以掌控自己的命运。他们相信自己将会独立，相信自己不会被现实和他人所控制，按自己的思想去做事情，坚持自己的愿望，扼住命运的咽喉，做自己命运的主人而不是奴隶。

　　他们相信自己有克服困难的潜能。他们不怀疑，他们很坚强。他们拥有极强的意志力，觉得自己是可以依靠的忠实力量。他们不惧生活中的风雨，勇敢面对一次又一次的挑战。每当自己的美梦成真，他们的内心往往变得更加强大，以至于他们变得如同超人一样，信奉自己"不怕做不到，就怕不敢想"。

　　他们在人群中总要把自己的能力展现出来。他们具有谋略，具有力量，他们内心充满各种各样的可能性，拥有敏锐的直觉和判断力，显得机智而又勇猛。他们认为自己能按照自己的方式去做事，这还是一种最可靠的自我感觉，自己可以更多影响周围。他们总是在找各种各样的机会，总是显得充满力量。

第三层级：建设性的挑战者

　　处于第三层级的 8 号希望能控制自己和周围的世界，他们喜欢掌控的感觉，那种感觉让他们感觉强大，但是另一方面他们也担心自己变得弱小，于是一次次地投身于挑战当中，显示自己的独立和力量。他们富有建设性，是建设性的挑战者。

他们的才干喜人，常常为他人所依赖，为大家的利益而奋斗。他们是天生的领导者，如果8号在，常常就是现场的指挥者。他们善于帮他人做决定，富有说服能力，善于激励他人，能将人们的积极性充分调动起来。

他们具有决断力，有谋略又有过硬的心理素质，善于审时度势并做出艰难的决定。他们能为结果负全责，他们的选择不一定是最好的，但一定是鼓舞人心的。

他们寻求公平和正义，他们并不幼稚，对公平和正义很敏感，并且以此来衡量自己和他人的行为。他们在生活和工作中，常常会不自觉中做出维护公平和正义的举动。他们自己有时候甚至都不知道是怎么回事，但是不自觉当中就做了。

他们富有远见，能够给别人成长的空间和挑战。他们富有权威，总是激励人们超越自我的极限，在平凡的生活中寻求到不平凡的事业。他们挑战这个世界，也成为众人心目中的英雄，值得每一个人敬仰和跟随。

第四层级：实干的冒险家

处于第四层级的8号寻求控制，但是发现自己的想法不一定有效果。他们表面自信，其实内心在恐惧和担忧，不知道自己的胜算几成。他们开始集中精力，务实肯干，改变自己身边的世界，成为实干的冒险家。

他们变得很务实,要求自己成功,而不是追求卓绝的目标。他们满腔热忱,言语简练,工作努力,十分看重金钱的回报。他们要一点一滴积累属于自己的财富,构建自己的小王国,自己在里边感觉到稳定和安全。

他们喜欢竞争,坚持自己的看法,不愿意显露自己的脆弱。他们在社会的各个领域显露头角,身份可以多变,但是不变的是他们的控制欲,总是希望自己能够控制得更多,而自己能够被控制得最少,他们最难以忍受的是必须听命于人。

他们也有承担风险的勇气,愿意挑战自己的极限,特别能享受工作的乐趣,工作对于他们是让自己热血沸腾的竞技场,让自己出尽风头的好地方,是显露自己胜利的最佳场所。

第五层级:执掌实权的掮客

处于第五层级的 8 号发现控制愈发艰难,他们希望表现自己的力量,获得别人的尊重,目的并非简单为了实利,更多是为了实现自己的控制能力。他们把精力更多投射到自己身上,关注的是别人是否服从,对外界的关注反而有所减少。

他们时时处处显示自己的重要,可能四处帮别人埋单。他们出手大方,言语幽默风趣,不忌粗俗。只是想让别人知道,自己是多么的不容忽视。他们表面风光的背后,其实是在恐惧,恐惧他人不随自己而去,不对自己表现出应有的尊重和服从。

他们常常把他人看作自己的工具,认为其他人只是为自己的需要而存在的。

他们甚至可能对周围其他人采取高压手段，要求别人服从，要求实现自己的权威，这样的直接而大胆的强迫可能会导致激烈的对抗和冲突。他们的同理心在减弱，难以考虑他人的处境和感受，显得有些粗鲁和不近人情。

总而言之，他们把自己当成大人物，想支配周围的一切，冲突不可避免。他们期待支配，但是却又对他人无比依赖，需要他们的支持，他们必须和他人分享支配权。他们开始学会玩弄权术，成为执掌实权的掮客。

第六层级：强硬的对手

处于第六层级的 8 号发现别人不会主动跟从自己，而他们又希冀支配他人，于是开始主动采取重压和斗争的办法，试图让对手屈服。他们态度强硬，是强硬的对手。

他们身边的人开始抱怨和抗议，他们开始心神不宁，害怕周围的人挑战自己的权威。他们无比愤怒，觉得不能信任任何人，渐渐将自己和别人的关系看成了敌对关系。

他们随时准备战斗，不放过每一次斗争的机会，到处都是对手，街上的水果店主、开的士的司机、自己的配偶或子女等，都是很好的斗争对象。他们不断对别人施加重压，甚至是进行威胁和恐吓，只试图让他人受控于自己。他们像一个流氓打手，到处滥施淫威。

他们迷信于斗争，通过表现自己的强势而常占上风，在他们的狂轰滥炸下，他人常常主动缴械投降。他们常常虚张声势，对他人进行恐吓，想动摇他人的自信心，他们的表情是严厉的，言语是强势的，总之，他们表现得极富攻击性。但是他们表现强势也会分对象，他们只敢恐吓那些自己有把握控制的人，对于明显超越自己实力的人，他们也不敢轻易发生冲突。

他们如果可以给别人所需的好处，其权威常常能发挥到最好。因此他们对于利益特别看重，试图通过控制利益去控制他人。他们特别看重金钱，认为只有拥有金钱才能真正具有控制力，金钱让他们感觉安全，也让他们感觉独立，同样的道理，他们对于权力也特别迷恋，金钱和权力是其实现控制的不二法门。

处于该层级的8号是典型的好战分子，他们的生活中常常是冲突不断，因为他们总能碰到一些不愿意向他们低头的人，而且因为自己有时也会找到一个隐形的对手，对方比自己想象的更加强大。

第七层级：亡命之徒

处于第七层级的8号，感觉别人已在公开疏远自己和排斥自己，他们决不允许这一点，于是不断给外界施加压力，要将一切控制在自己的手中。

他们和周围人的斗争升级，准备不惜一切代价战胜其他人。在他们的强压政策下，他人开始不断反抗，他们于是便开始进行残暴的反击。他们不再信任任何人，他们很孤独，一次次地给别人无情的打击。他们无法停止，他们害怕自己一旦停止，别人会给自己更大的伤害。

他们此时是危险的，可以不择手段利用一切，为了达到目标可以牺牲友谊，可以牺牲合约，甚至放弃道德感和良知。他们热衷于使用暴力，而且不会感觉犹豫不决。他们的心变得坚硬，不允许自己有丝毫妇人之仁，他们是无比残暴的刽子手。

他们无法停止自己的残暴，一旦开始，很难回头，只能变本加厉地去进行攻击。他们就像玩命的赌徒，可以舍弃一切，对于报复有深深的恐惧。对自己拥有的资源和权力无比依赖，担心自己一旦失去这些，将会陷入最终的危险之中，那样自己就完了。

第八层级：万能的自大狂

处于第八层级的8号，其周围的世界已经充满残忍和报复，他们的残暴引起公然的反抗，别人开始主动对自己发动攻势，他们开始陷入激烈的斗争，并且自认为自己是刀枪不入的，成为万能的自大狂。

别人开始疯狂报复，担心的威胁变成现实，局面已经不能控制。他人对其总是欲处之而后快，周围压力重重。但是经过一段时间之后，他们如果发现别人并没有把自己怎样，就会觉得自己是坚不可摧的，自己是不可战胜的，他们成为绝对的自大狂，认为自己就是神，自己就应当拥有绝对的主权。

他们打击的对象泛化，不惜牺牲无辜者的鲜血，不断杀鸡儆猴，他们要通过这一点证明自己的强大。他们不承认自己应当臣服于什么之下，认为自己不受这个世界所限制，认为自己超乎人类、超乎道德和法律、超乎一切的存在。

他们大胆地为所欲为，相信没有什么能阻碍他们什么。他们内心深处依然有着强烈的恐惧，害怕别人会报复得更加强烈。他们无法止步,直到一种无法抑制的力量完全压制住他,才会最终停止自己的暴行。

第九层级:暴力破坏者

处于第九层级的8号,发觉周围的世界完全失控,自己也将被毁灭。他们的选择是在别人毁灭自己之前,先把别人毁灭掉,他们是暴力的破坏者。

他们曾经是最有建设性的建设者,但在这个层次已经痛恨这个世界,他们要把这个世界毁灭掉。他们要牺牲一切,保全自己的性命,家人、朋友、亲戚、工作伙伴等都可以是他的牺牲品。

他们认为这个世界在和自己作对,希望这个世界臣服于个人的意志,开始对这个世界进行变态的攻击。一贯不认同周围的世界和人,一贯要自己掌控自己的命运,他们完全以自己的主观愿望为中心,既然不能彰显自己的意志,那么要么战胜一切,要么和这个世界同归于尽。

他们完全以这个世界为敌,他们曾经认为自己是这个世界的主宰,当这个世界不再属于自己时,毁灭它就是自己最好的选择。

PART 03
与 8 号有效地交流

8 号的沟通模式：直截了当进行要求

8号的言语常常斩钉截铁，富有霸气。他们的言语不拐弯抹角，开门见山直接说出要求，这是他们典型的沟通模式。

他们与人沟通，非常不喜欢转弯抹角，什么事情都喜欢拿到桌面上谈，有什么说什么，直截了当。他们经常说"喂，你去帮我把垃圾倒掉"，"我给你说，你明天把那本书给我带过来"，"走，一起去逛街去"，"你怎么还没有帮我做好啊"，"你什么时候能定下来"类似这样的话，显得强势而又干脆。

他们显得自信而有魄力，但有点类似争论或攻击，但他们对这一点甚至不能自觉。他们的语言显得强势，问题也很尖锐。他们对于等待一个答案很不耐烦，显得给被人为难，似乎也在无心中说出一些伤害性的话语。

一些人难以适应8号的直接和强势，甚至会感觉到冒犯。但是这是他们的本性，不必因为他们的暴躁而影响自己的心情。而且如果试着学习8号的沟通风格，简洁直接说出自己的用意和要求，不回避问题或者避重就轻，这样的交流其实也会更加真实和有效率。李老板是朋友介绍给小张的一个客户，听说他为人讲义气，也非常有个人魅力，小张猜想他应该是8号性格的老板。

他有一些公司重组的法律难题需要解决，出于朋友的面子，小张跟李老板说，在收费方面，他会尽量优惠，并且给他了一个合适的价格。李老板很快告诉小张，在收费方面希望再少一些。

小张告诉他可以打听一下行情，以及他一直的要价，就这类案子，跟他以前的收费标准比较，已经相当优惠的了。另外小张告诉他几年前他代理过的一个公司重组案子。当事人说他认识十名律师，他们代理他这个案子收费不过十万元。而小张跟他开价却是三十万，而且一点都不打折扣。问题是，小张顺利地帮助他们拟定了良好的方案和风险回避的策略，他们公司重组的计划提前了半年就完成了。

小张告诉他，人跟人不能相提并论，报酬也就会有落差。他帮人审查一份小合同，中间只帮人改了两个字，花了他不到二十分钟，他就收了人家八千元。

李老板听了小张的话，认为他够坦诚，也很放心地让他代理这个案子，对他的开价也不再纠缠了。总之，要和8号和谐相处，一定要了解他们的这一特点，这样你才能够理解他们的内心，你也可以减少自己的误会，也不会轻易被他强势的语言伤害，并且能够找出合适的应对之道。

观察8号的谈话方式

8号喜欢控制，他们期待周围的人和事物都在自己的控制之中，他们的这种心理特点使得他们的谈话显得强势和有力量，会让周围的人感觉到力量和召唤力,但是另一方面,也可能使得他人感觉到压迫和被控制的愤怒。

下面,对他们的谈话方式进行简单的说明:

★他们通常是支配者,没有耐心倾听别人的观点。他们认为自己的观点是不容置疑的,应该以实现自己的想法为首要任务,否则一切就将会失去控制。他们试图避免倾听他人,害怕自己可能丧失坚持自我的勇气。

★喜欢直截了当的沟通,讨厌说话拐弯抹角和兜圈子。他们是极其坦诚和真实的人,你所看到的就是他们真实的样子,他们的特点是如此鲜明,使得他们显得别具魅力,而且因为这种简单,他们往往显得更加有力量。

★言语激进偏执,具有攻击性和煽动性。他们常常表现出强势的召唤,面对他们的召唤,一些人会感觉深受鼓舞,但是他们的言语常常也会让一些人受伤,他们在挑战,是如此的具有侵略性。

★常常在帮别人出主意,想办法,进行热心的指导。他们总是有很多好的办法,是善于发现问题和解决问题的人。他们就凭借这一点,给别人很好的建议,这样他们也会有很大的成就感。

★说话很有自信,显得强悍和霸道,常常说"你为什么不""我告诉你""跟我去"等话语。他们的话语总是不容置疑,明目张胆地去要求,也常常能得到自己应得的,但也可能给他人造成压力和伤害。

★如果你公然和他唱反调,那么他们会非常愤怒,会对你拍案而起,大声对你吼叫,直到对局面完全控制为止,否则他们绝不会善罢甘休。

读懂8号的身体语言

当人们和8号性格者交往时，只要细心观察，就会发现8号性格者具有以下一些身体信号：

★无论是站立还是坐卧，他们都会不自觉地向后微倾，给人传递一种高高在上、等待对方主动示好的架势，当然有时候也有让对方尽管"放马过来"的感觉。这种架势不动之中自有威严，他们就像威猛的老虎一样，时时刻刻都透露出独特的魅力。

★他们如果在走路，常常是抬头挺胸，显得器宇轩昂，气度不凡，目中无人。他们的双臂摇摆很大，随时在向周围发出一种权威的信号："我无所畏惧，这是我的地盘，一切都要听我的。"他们散发出来的气质是富有能量的，他们总是生气勃勃，似乎总是可能要跳起来。

★他们的身体动作可以随情绪而有较大的变化，情绪稳定的时候他们就只是安安稳稳地坐在那里，是一个耐心的观察者，但是他们常常也是表现出自己的威严，比如双手抱在胸前，表明一切都在自己的控制之中。情绪高涨的时候他们会手舞足蹈，采用各种夸张动作，似乎在教导别人怎么做，来表现自己的控制力。

★他们常常目光中透露着霸气，看人专注，习惯直视对方眼睛，给人一种他们随时都可能被惹火的感觉。他们的眼光富有侵略性，让人不寒而栗，他们的内心想法不自觉地就会从眼神透露出来，让人不敢轻易去招惹他们。

★他们面部表情显得自信，但是也不会看起来特别的严肃，不过即便是微笑，明朗笑容的背后，也能透露出一股威严和霸气的气势，让人对他们不敢忽视。他们的表情是威严和慈祥的统一体，问题是他面对的是自己的保护者，还是自己要面对的敌人。

★他们相当注重自我形象，在着装上注重服装搭配，服装款式和风格种类颇为丰富。他们的衣服看起来相当有身份感，他们看起来也很有威严。他们会为自己花钱配置一些高档的衣服，是在个人身上最舍得投资的一些人。

通过身体语言，我们可以作为参考，去辨别一个人是不是8号，去判断他们的心理状态，也可以作为和他们交流的一个重要参考。

宽容8号的无心之失

8号比较强势，他们的习惯交流方式就是直截了当地去要求，而且有一个问题就是，他们的需要得到满足的时候，会非常高兴，但是如果他们的意愿没有得到满足或者重视，他们就会非常生气。

他们这一特点，本质上在于他们把自己的地位看得比其他人都要高，认为自己的需要是最重要的。他们很难去真正尊重别人，总是在不自觉中轻视别人，并且喜怒随性，这样却常常会在无意中伤害很多的人，让别人受伤和对其产生敌对的情绪。

他们常常粗心大意，不关心他人的感受；他们可能时时去和别人翻旧账，强行反驳他人；他们常常使用伤害性的批评，而不是建设性的抱怨；他们常常陷于气闷欲炸的境地，强求别人服从自己和了解自己，即使自己不说出来；他们不愿意改变乖戾的习性，认为自己这样没有什么不可以的，自己就是这样的人，全世界的人都应该来适应自己。因为他们的这一特点，他们常常给别人的心灵造成不自觉的伤害，哪怕他们学会了弥补自己的伤害，依然会给别人的内心留下不可愈合的伤疤。一个孩子无法控制自己的情绪，常常无缘无故地发脾气。一天，他父亲给了他一大包钉子，让他每发一次脾气都用铁锤在他家后院的栅栏上钉一颗钉子。

第一天，小男孩共在栅栏上钉了37颗钉子。过了几个星期，小男孩渐渐学会了控制自己的情绪，在栅栏上钉钉子的数量开始逐渐减少了。他发现控制自己的坏脾气比往栅栏上钉钉子要容易多了……最后，小男孩变得不爱发脾气了。

他把自己的转变告诉了父亲。他父亲又建议他说："如果你能坚持一整天不发脾气，就从栅栏上拔下一颗钉子。"经过一段时间，小男孩终于把栅栏上所有的钉子都拔掉了。

父亲拉着他的手来到栅栏边，对小男孩说："儿子，你做得很好。但是，你看一看那些钉子在栅栏上留下的那些小孔，栅栏再也回不到原来的样子了。当你向别人发过脾气之后，你的言语就像这些钉孔一样，会在别人的心里留下疤痕。你这样做就好比用刀子刺向某人的身体，然后再拔出来，无论你说多少次．对不起．，那伤口都会永远存在。其实，口头上对人们造成的伤害与伤害人们的肉体没什么两样。"和8号进行交往，要提前做好心理准备，对他们的坏脾气提前给自己打预防针，要了解这是他们的性格特点，这样你可以更加平静地和他们交往，也可以较少地被他们伤害。

待8号怒火散尽再说

8号特别容易发怒，而且发怒的时候常常有些失去理智。他们在发怒的时候，甚至会非常极端，忘记自己在做什么。他们会摔东西，会口出脏话，会说出一些很过分很有威胁性的话。他们的身体在跳动，他们面目狰狞，像一团火焰，要燃烧周围的一切。

面对愤怒的8号，我们如果要和他很好地相处，应该尽量保持冷静，不要和他在气头上进行争辩，而要等他冷静下来，这样你们的沟通可以更加顺利。

　　8号愤怒情绪发生的特点在于短暂,他们的脾气特点是来得快,去得也快。如果在他们气头上和他们争论,只会让你们陷入更加火热的争斗,而等他们"气头"过后,矛盾就较易解决。面对8号,我们一定要学会给他们一些时间,让他们发泄心中的怒火,这样他们恢复理智的时候,你也就可以更好地和他们交流和沟通了。

第十篇

9号调停型：以和为贵，天下太平

9号宣言：每个人的想法都有其合理性，我该选择谁呢？

9号调停者性格温和，也喜欢营造和谐的气氛。他们擅长交际，善于了解每个人的观点，却不喜欢表明自己鲜明的立场，而是听取正反两方面的意见，在两种意见之间犹豫不决，难以决断，以避免和他人发生冲突。这往往使得他们忽略了自己内心的真正需求，给人以没有主见的印象。

PART 01
9号调停型面面观

9号性格的特征

9号性格是九型人格中的和平主义者,他们的心中最大的渴求是和谐,他们为了追求周围的和谐,不惜牺牲自己的意志,成为一个跟随者和没有主见的人。他们对于和谐的希望非常强烈,他们害怕冲突,他们认为自己的意见微不足道,只要一切能够恢复平静,他们不懂拒绝,也很少坚持,他们的人生信条是:"为了和平,我愿意把自己忘记。"

他们的主要特征如下:

★善于倾听,很好的调解员,能站在两边为对立的双方说话。

★关注他人的立场,富有同理心,但难以坚持自己的立场。

★难于拒绝别人,但对于答应的事,可能依靠拖延来表达不同意。

★善于欣赏事情好的方面,也能迅速发现他人的优点。

★认同周围的世界,不挑剔,所以适应能力比较强。

★常常关注细枝末节的小事,重要的事情常常放到最后才做。

★保持自己的慢节奏,不愿改变,认为所有的事情都会随时间自然解决。

★偏爱隐藏自己，不喜欢出风头和争名夺利。

★性情随和，很少发脾气，但被轻视或被强迫时也会发火。

★衣着朴实，动作表情平和，女性亲切，男性憨厚，目光真诚。

★讲话慢慢腾腾，重点不突出，喜欢说"随便、随缘、不用太认真、你说呢、你定吧"等话语。

9号性格的基本分支

9号性格常常将自己的真实愿望隐藏，转而用其他一些感觉来替代它们，这样他们就可以忘记自己的真实想法，而且不会感觉到特别压抑。他们的这种情感转移手段，使得他们在情感关系上，使用以恋人为中心的融合手段，在人际关系上，使用紧跟团体的跟随手段，在自我保护上，使用一些小小的爱好来取代自己的真正需求。

1. 情爱关系：融合

9号性格者在情爱关系中，常常习惯于和对方融为一体，变得以对方为中心，这样，他们常常把恋人的想法当作自己的想法，两个人似乎变成了一个人，其行为常常围绕恋人而进行，把恋人的喜怒哀乐当成自己的喜怒哀乐。"和我的太太交往已有多年，我的感情基本上是围绕着她而转的，她不高兴了，我就感觉难受，她快乐，我也会跟着快乐。业余时间，我基本上是和她在一起，我几乎没有自己的事情，她的事情就是我的事情，她的需要就是我的需要，我仿佛变成了她肢体的一部分，我能随时感受到她有什么需要，并且及时帮助她实现自己的需要，我觉得，我对我太太的理解，甚至要超过我对我自己的认识。一般而言，我太太出没的地方周围，你总能看到我的身影,这是找到我的一个好办法。"

2. 人际关系:跟随

9号性格者在人际关系以及团体活动中,常常喜欢以团体的需要来代替自己的需要,这样他们就不用考虑自己的需要,这样跟随着,他们总有事情可以做,他们在融入团队的过程中,也可以把自己本身的需要给忘掉。

他们要么不参加什么社会团体,一旦参加,他们绝对是狂热的跟随者,他们对于团体没有什么苛刻的要求,他们要做的就是适应这个团体,和这个团体融合在一起,他们会把团体的需要当作自己的需要,只要一件事情团体通过了,9号一般情况下都会自动参与进来。"我曾经是校篮球队的队员,我那时候训练很多,我的技术也很好,我们经常能够赢得比赛。我在团队当中常常没有什么特别的愿望,我只是喜欢和大家在一起的那种感觉,感受整个集体的热情和活力,为集体的事情尽自己的本分,一般而言,我也不怎么发表意见,大家讨论通过了,只要达成一致了,哪怕某个决定是我不喜欢的,我也不会说什么的。"

3. 自我保护:爱好

爱好可以成为9号自我保护的一种手段,这些爱好,有时候可以很小,比如说吃一些零食,比如说抽烟或者喝酒,比如说不停地去看无聊的肥皂剧,或者说把自己埋没到某种技艺的学习当中去,通过这种让自己的心思转移的方法,他们就可以逃避,自己真正需要就可以暂时忘记,既然眼前有美酒,那么就可以不去管什么大敌在前的事情。"尽管我已经三十多岁了,但生活并不如意,可是我从来不愿意真正去面对,我觉得自己无力去面对,我希望自己能够抽身在外,这样就可以忘记周围的一切,我的爱好是不断去看武侠小说,每当我为故事中的情节牵肠挂肚时,周围的一切烦恼就都不在了，一旦在生活中感受到不如意，我就躲在自己的小角落里，做起自己的武侠梦，感叹江湖的血雨腥风，可是对我自己人生的江湖，我常常是那个落荒而逃的小角色。"

9号性格的闪光点

追求和谐与和平的9号，其性格当中有不少优点值得关注，它们是9号引人注目的闪光点：

1. 善于调解冲突

他们常常能理解冲突的任何一方，他们不利己，而且态度平和，常为矛盾双方认同，可以称得上是天生的调停专家。

2. 毫不利己，专门利人

9号做事情常常没有利己的目的，他们常常把别人的需要放在首位，希望别人能得到应得的一切，他们认为只有这样才能带来真正的和平。

3. 闲适的人生态度

他们可以保持自己闲适的节奏，宠辱不惊，经得起生活中的升降沉浮，不喜欢出风头和争名夺利。

4. 善解人意

9号善于倾听别人的内心，能非常容易感知别人的需求，善解人意，也能真正意义上帮助别人。

5. 个性随和,富有亲和力

只要满足9号最基本的底线,他们待人非常有弹性,亲切随和,能让你感觉不到什么压力。

6. 思想富有创意

9号的内心是开放的,因而他们接收的信息也具有包容性,丰富的信息也让他们具有较丰富的创意源头,可以想出一些好方法和好点子。

7. 善于捕捉闪光点

9号善于欣赏事情好的方面,也能迅速发现他人的优点,是捕捉闪光点的一把好手。

8. 适应能力强

9号认同周围的世界,可以接受现实生活中的优缺点,不挑剔,所以适应能力比较强。

9号性格的局限点

9号性格也有不少缺点,这些缺点局限了9号的发展,9号如果想要突破自我,就必须对这些局限点进行充分的关注:

1. 缺乏积极主动精神

9号有听天由命的思想,他们不太相信自己能够改变什么,他们不能做到积极主动,这样他们会有些不思进取,难以成就事业。

2. 自我迷失

9号常常关注周围的和谐，他们能很清楚地了解他人的内心和需要，但是，对自己的内心，由于长期压抑，他们反而看不清，容易陷入自我迷失。

3. 缺少自我规划能力

9号常常不能辨明自己的目标，不分主次，陷在日常的琐事中间，而且对时间常常不能科学安排，自我规划能力的缺乏让他们难以获得成功。

4. 志大才疏

9号常常怀有高远的理想，有安邦定国的幻想，但是目标常常流于宏大，不具体，不能够落实，而且现实中由于害怕冲突，常常缺乏勇气开展自己的理想，常留下志大才疏的遗憾。

5. 优柔寡断

9号考虑问题喜欢瞻前顾后，考虑的因素太多，害怕影响周围和谐，所以做决定，常常有些优柔寡断。

6. 害怕冲突，自我牺牲

9号喜欢平和的日子，他们很害怕冲突，为了避免或消除冲突，常常会牺牲自己的利益，来换得和平。

7. 逃避问题的鸵鸟

9号面对压力和不能解决的问题，常常会像鸵鸟一样，把头扎进沙堆里，希望危险自动消失，而不去采取行动。

8. 自我麻醉

9号为了维护和谐，常常牺牲自己的愿望，他们不会直接面对问题，常用一些爱好或者机械行为麻痹自己，有自我麻醉的倾向。

9号发出的4种信号

9号性格者常常以自己独有的特点向周围世界辐射自己的信号，通过这些信号我们可以更好地去了解9号性格者的特点，这些信号有以下4种：

1. 积极的信号

9号性格者不断向周围世界释放着一些积极的信号。

9号是乐于付出的一个群体，他们的付出并不求得自己的回报，他们的内心细腻，他们爱人甚至超过爱自己。他们有敏感的嗅觉，常常清楚别人的需要。他们对别人充满关切，不断给予、不断付出，不断做出自我的牺牲，他们还能接受最坏的结果。他们心态常常是平和的，他们本身就是和平的化身。

当感觉到安全时，他们常常会极具行动力，而且效率一流。他们可以为一个卓越的理想尽自己最大的努力，会努力构建一个心目中和平的世界，他们热爱和平，为了和平和和谐，他们可以为他人牺牲自己，这一点又是伟大的。

2. 消极的信号

9号性格者也不可避免地向周围世界释放一些消极的信号。

9号虽然常常没有自己坚定的立场，但是不代表他们没有自己的看法，尽管他们在不断妥协，但是表面的妥协背后常常是一颗倔强的内心。他们显得阳奉阴违，似乎是说话不算话的人。他们似乎对你的意见很赞同，表示要为你的事情做出最大努力，也似乎在做这样的表演，但是他们显得很无力、很迟缓，他们的行为是一种消极的抵抗，用同意来表示不同意。

他们总是要照顾到方方面面，但是这种平均分配精力和资源的方法，常常会显示着他们知道你有一件事，但是却不会真正重视你，他们不会为你特别分配一些什么的，这也常常会让亲近他们的人受到伤害。

9号还习惯于常规的习惯，他们不希望改变，他们的内心懒于应付各种各样的变化，这样的行为常常会让他们的生命显得呆板和没有活力，而且也会让和他们一起生活的人感觉到无趣。

他们有时候会用一些虚假的东西来取代自己的愿望，他们可以忘记周围的一切，这些行为常常给周围的人带去麻烦和伤害。

3. 混合的信号

9号性格者发出的信号很多时候是混杂的，会让人难以捉摸。

9号害怕冲突，所以他们常常接受别人的请求，这种信号是模糊的，常常让其他人误会，以为他们会真正地去帮你做某些事情，但是实际上，他们却很可能只是在敷衍。他们并不想去做这些事，但是也不愿意去拒绝，他们不希望通过拒绝损伤了所谓的和谐。

9号常常会在不自觉中忘记自己的内在需求，常常会靠迎合他人来行事。他们和别人的关系表面上很平静，也很和谐，似乎一切都很正常，但是在平静的水面之下，有太多底层的暗流涌动，内心深处因为自我愿望不能得到满足，而产生大量的愤怒能量，这种愤怒的能量日积月累，常常会使得9号采取消极抵抗的方式。

9号表面上显得很大度，他的愿望是微不足道的，一切都没有什么，但是他们依然会为自己的深层想法不能实现而愤怒，他们必须得学会认识自己的需要，并且合理地实现自己的需要。

4. 内在的信号

9号性格者自身内部也会发出一些信号。

9号内心的诉求被压抑，他们在现实面前，常常逼迫自己试着融入他人,选择妥协,害怕因为自己的坚持引发矛盾,但是,他们也为不能实现自己的想法而愤怒。

他们常常会在答应别人之后,中途意识到自己的真实意思,但是已经陷入承诺的牢笼,他们很难说出拒绝,但有时候也会鼓足勇气,讲出自己的真实意愿,这时候他们的内心会无比轻松。

他们常常可以轻松感知到别人的需要,而且对于冲突的方面,他们都能有一个贴心的认知,他们的同理心是如此强烈,甚至会忘记自己的立场。他们也很难选择自己的立场,希望"你好,我好,大家好"的结果。他们希望周围都是和谐,这是他们常常选择迎合别人的认知原因。

他们有时候也会用拖延和消极合作来表明态度,他们内心的愤怒无法释放,又害怕表明立场损伤和谐,只有选择让时间来解决问题。他们的拖延常常会让他人感觉愤怒,他人最终放弃之时,他们的目标也就达到了。

PART 02
我是哪个层次的9号

第一层级：自制力的楷模

第一层级的9号是个达到完全自制的人，他们能够对自己达到完全的自控，并且和整个世界和谐统一在一起，他们找到了自己内心平静的钥匙，可以控制自己的内心，而且能够给这个世界带来平静。

他们对自己可以达到全然的自控，向世人展示什么是真正的自律，什么是真正的自制力。他们建立了自我的清晰形象，可以独立自主地实现自己的想法，不再用虚假的和平观念来压迫自己。他们找到了自己的原则，知道自己应该走什么样的道路。他们坦然面对自己的内心，知道自己内心有罪恶的想法，知道自己也有攻击的冲动，但他们知道意念不等同于行为，他们接受自己的罪性，这样，他们爱人的时候才更加发自内心。

他们和这个世界和谐统一，他们不仅是独立的人，也是一个依靠世界的人，他们有坚定的自我，却又投入到无我的自然法则中。他们追求的和平，在此时此刻才真正实现，他们和周围世界不是全然的融合，自我消失，他们是和这个世界联系在一起，相互扶持，但依然闪耀自己独特的光芒。他们欣赏这种和世界联合在一起的状态，他们克制自己，但又坚持最大程度的自由，他们紧密地和世界联合，作为世界当中独特的个体，为世界的运转发挥独特的作用，展现自己应有的价值。

该层级类型的自制和自律精神是人格类型当中最难得的，他们自我是统一的，他们周围的环境也是统一的，这种自律是和谐的，也是神秘的，他们是当之无愧自制力的楷模。

第二层级：有感受力的人

第二层级的9号自我的地位有所降低，对于无我的境界相当有感受，他们赞叹无我的伟大，强调自己是大自然的一部分。他们看世间万物，总能用无私的眼光去看待，他们对整个世界相当有感受力。

他们为了追求内心的和平感，倾向于把自己的地位降低，他们的自我有所迷失。他们的自我迷失常常在于其幼年经历，幼年时，他们过于认同父母或当中的某一个人，不希望和他们发生争执，造成不和谐的局面，于是屈从于他们的想法，把他们的想法当成自己的想法。

他们的这种认同成为一种习惯，对周围的人也积极认同，他们具有博爱的思想，他们的生活很少有不和谐的声音，他们对于突然而来的压力具有容忍力，和人交往不用心机，不会占人的便宜，不会欺骗和使用暴力，他们的内心如同一块透明的美玉，甚至不能理解别人狡诈。

他们对他人有着天然的相信，乐观看待周围的一切，对生活充满信心，对他人有发自内心的信赖。他们的内心可以包容靠近他的人，让别人受伤的心得到抚慰，他们没有架子，平易近人，对人宽容，注重他人本性的自由完善和发展。他们不给他人压力，他们毫不利己，专门利人。

他们热爱自然，自然中的一花一草，一树一木，一鱼一鸟，一泉一石，他们都能感受到其独特的魅力，他们乐于融入当中。他们的眼里，万事万物都有自己的神秘和独特，他们是其中的一个有机组成部分，他们看淡生死，不惧疾病和年老，愿意跟随自然的节奏，踩着世界本来的节拍，快乐地跳舞和歌唱。

第三层级：有力的和平缔造者

处于第三层级的9号是平和的，自我的地位相比第二层级有所下降，他们能够接受周围的一切，但是认为和平应该是生活中的主旋律，希望这个世界的生活当中充满和平，愿意为之而不断努力和奋斗。因为有了他们，世界才会更加和谐地运行下去。

他们具有很强的同理心，他们的内心深入他人内心深处，知道他人的心情，清楚他人渴求什么，也了解他人恐惧什么，可以迅速找到不同事物的共同点。他们是求同存异的专家，纷争常常被他们化解于无形之中。

他们能够安慰受伤的心灵，能让火药味十足的场面变得平和，让大家的眼界更多看到现状的光明。他们引导我们走出阴暗的角斗场，来到和平的田野，他们性情温和，惹人喜爱，愿意全心全意支持自己周边的人，他们对他人了解，他们的关心和支持非常贴心。

他们的态度诚恳，在需要讲话的场合，常常比其他类型更加直率，他们不怀恶意，不为自己，只求周围的世界真正和谐。

他们尽管并没有十足的冲劲，也没有自己强硬的观点，但是常常能造就一个宽松的环境，思想具有兼容并包性，鼓励百花齐放，百鸟争鸣，这样的环境常常可以促进他人获得最大程度的发展。

他们不显山露水，也许会被人忽略，但是和平现状的背后，常常有他们忙碌的身影。他们的世界很精彩，他们是有力的和平缔造者。

第四层级：迁就的角色扮演者

处于第四层级的9号，相比前三个层级，已经下降为一般状态，原因在于从这个层级开始，9号同自己的自我开始断裂，和他人的关系也开始处于比较畸形的状态。在这个层级上，9号的主要特点是谦让，他总是充当迁就的那个角色。

他们出于这个层级，开始担心和害怕自己的行为，认为它们有可能损害和谐，于是他们就开始降低自己的欲望，试图迁就，但是这样常常也会产生一个问题，那就是别人也难以知道他们到底要什么，他们对一切问题的答案都是"随便"，或者是"你看着办吧"等，这样下去，别人常常不自觉地伤害到他们的底线之内，让他们受到本不应该承受的痛苦。

他们降低自己的要求，在生活等各个方面不挑剔，也不讲究条件，他们的问题在于，在社会中，每一个人都有自己独特的位置，这个位置是社会强加给你的，逃也逃不掉。比如说作为一个儿子，或者说作为一个父亲，或者说作为一个职业人，在这个位置上社会对自己有一定的要求，但他们在这个位置上，常常只是为了获取和平的心情，迁就周围人的要求，不会采取主动的心态去扮演好自己的角色。

于是，他们开始自我泯灭，成为别人要求下的复制品，成为别人希望的样子。他们在长期的不断被复制的过程中，常常不能够区分，自己的愿望和环境强加给自己的要求有什么区别。

在婚姻中，他们变成妻子要求的丈夫，或者丈夫要求的妻子，在工作中，他们成为老板要求的职员，学生时代，他们是老师期待的学生，他们服从，不断地服从社会和他人加给自己的角色，他们迁就，不断地迁就。他们就这样逐渐变成一个普通人，他们的衣着普通，穿着依照社会习俗，他们行为保守，遵守众人观点，他们缺少自己的坚守，成了迁就的角色扮演者。

第五层级：置身事外的人

处于第五层级的9号，他们的自我位置进一步降低，觉得自己不能改变什么。他们觉得如果要做什么事，那么，自己的内心就会觉得不平静，他们试图逃避问题，希望事情能够自己完成，即使在做一件事，他们绝对是心不在焉的，和自己要解决的问题分离开来，他们就是一个置身事外的人。

他们做事的态度是粗心大意的，对周围的世界感觉冷漠，虽然对人友善，但是自己却并不刻意去追求。他们的大脑懒得思考，他们的身体懒得行动，他们不希望去做事情，觉得事情似乎都和自己无关，什么事情都难以引起他们真正的兴奋。

他们的思想常常不去关注自己的周围，而是常常关注自己内心的小幻想，现实世界似乎离他们很远。他们很可能喜欢讨论形而上的问题，或者那些关于概念和符号的思想层面的东西，他们不愿意接触现实世界，除非事情找上门来，让他们必须去解决，他们对自己的现状很满足，不愿放弃固有的生活习惯，他们不喜欢生活，他们的生活就是"不去生活"。

他们试图不做事情，压抑自己的要求，他们的内心其实充满着愤恨，厌恶自己的无力，不能作为，不能够坚持自己的想法。他们也厌恶他人，因为别人给自己太多的不公，也不能理解自己所做出的这么多的牺牲。他们认为自己如果不去做事情，或者做事情的时候不去思考，那么就万事大吉了，自己不用委屈自己，别人也不能说自己什么了。

他们置身事外的态度让亲近他们的人不满，他人和他们在一起，感觉不到他们的热情和活力，感觉不到他们的付出，感觉不到他们积极主动的态度，也常常会远离他们。

该层级的9号习惯置身事外，就这样慢慢地排除在大家的生活之外，他们的不参与和不积极，常常让他们的生活处于矛盾不断积累之中。

第六层级：隐修的宿命论者

处于第六层级的9号，为了追求平静的内心，他们面对问题的时候，不是想着抗争，他们考虑的是，把这一切看成是老天命运的安排，自己不用去动手做，说不定还会发生奇迹呢。他们是宿命论者，他们和世界隔离，隐修起来，认为只要耐心等待，一切都会好起来的。

他们认为发生的事情没什么大不了的，自己也没有必要为了这些事去努力，自己内心平静挺好的，没有必要打破它，一切都有天命。他们从来都做不到尽力而为，他们接受一切顺其自然的态度，无论自己周围的情况有多乱，自己面临的事情有多糟糕，他们都坚持无动于衷。

即使因为害怕冲突而行动，常常也只是做个样子，他们习惯性逃避问题，认为停一段以后，应该可以好起来，但是停一段以后，问题依然还在那里，该还的债，终究是要还的，事情就这样变得越来越糟糕。

他们在别人试图提供帮助，或者为他们而忙上忙下时，或者向他们了解情况时，会变得固执，甚至生气，认为别人太慌张了，认为别人对自己要求太多了，因为事情没什么大不了的，一切都会过去的。

他们无时无刻不在期待奇迹的发生，觉得现在发生的事情没有什么，以后会越来越好，但是他们不知道，既然选择了一条轨道，那么以后很可能就是一条道路走到黑了，期待奇迹实在是不靠谱的事情。

他们表面良善，但是内心其实并不爱人，甚至也谈不上爱自己。他们看重的只是和平，看重内心的平静，一切事物都应该为这一点让步，他们可以牺牲自己的妻子，可以牺牲自己的儿女，可以牺牲自己的朋友，可以牺牲自己的父母，可以牺牲一切身边的人，甚至可以牺牲他们自己，不管这些人因为自己的不作为有多痛苦，只要自己能够平静，那么一切就无所谓了。

他们这种行为，常常让其周围的人痛苦，他们不能建立坚强的自我，让命运来安排自己，他们不知道，自己是命运的一部分，"三分注定，七分靠打拼，爱拼才会赢"，他们不明白这些，只能成为隐修的宿命论者。

第七层级：拒不承认，逆来顺受

处于第七层级的 9 号，依然是看中自己内心的和平，为此，他们甚至不愿意承认有问题存在，而当外界因为他们没有尽到责任，给他们许多惩罚时，他们常常会选择逆来顺受，不去反抗，既然内心的和平那么重要，那么选择逆来顺受就好了。

他们面对问题的选择是防御，缺乏主动进攻的精神。会坚持自己内心的和平，他们会防御别人来打搅自己的内心。如果别人因为自己的不作为而来批评自己，那么他们常常会勃然大怒，认为别人侵犯了自己的内心领域，如果别人要求自己做事，那么自己也会觉得对方在干扰自己，对方让自己开始焦虑，让自己不能平静，他们会痛恨那些给他们带去问题的人。他们宁愿采取死不承认的态度，哪怕天塌下来了，自己只要装作没看见，那么就还是一切太平的。

他们面对别人的惩罚或者进攻，常常会采取逆来顺受的办法。他们不仅仅把自己看得不重要，把别人欺负自己、别人侮辱自己、别人侵犯自己、别人虐待自己，都给一一贴上正当的标签。"你们来吧，我选择逆来顺受"。他们内心也有愤怒，但是，这种愤怒相比于和平，显得不重要，还是忍着吧。

他们终究有一天，也许会发现，自己的逆来顺受带来多严重的后果。自己因为疏忽伤害了多少人，因为自己的不作为让多少人为自己痛苦，自己忽视了多少责任，自己到底爱过谁，除了那虚假的和平，他们知道，一切已经晚了，他们可能会绝望、焦虑，甚至会做出过激的事。

第八层级：抽离的机器人

处于第八层级的9号，面对现实的压力，达到了自己无法承受的地步，他们依然不愿意去面对，依然固守内心的和平理念。他们要让自己的思绪和感情转移，仿佛元神出窍，就像机器人一样存在，他们已经没有了自我意志。

他们仿佛初生的婴儿经不起任何震荡，仿佛一个受苦的人，希望时光倒流，重新回到母亲的子宫。他们期待自己永远不要长大，期待自己回到无忧无虑的童年，他们的肉体在行走，他们的思想已不在。

他们的大脑经常性保持空白，也会陷入无休止的回忆当中，他们有时候会选择歇斯底里地大哭，他们内心依然埋藏着重重怒火，似乎在等待着人点燃自己，因为自己的身体内部，装满了炸药。

他们似乎无路可逃，他们不仅仅要逃避现实，也要逃避自己，生活当中充满了危机，他们实在不愿意去面对这一切的东西。作为一个抽离的机器人，他们要和周围的一切脱离联系，要让自己的大脑不去思考这一切的东西，这样，无论什么东西都不能再打搅他们了。

在他们看来，生活只是生活在梦中，生活在噩梦中，自己不用害怕，因为一切都只是在做梦，自己是在睡眠当中，醒来以后，那么一切就都无所谓了。但问题是，他们似乎并没有想到过，要从这段噩梦中醒来。

处于该层级的9号，如同行尸走肉般地生活，他们是抽离的机器人。

第九层级:自暴自弃的幽灵

处于第九层级的9号,其承受的压力超过了自己的底线,他们的内心和精神,在重重压力的挤压之下,最终被压碎。他们的人格开始破碎,他们的人格已经完全破裂,他们脱离了自己的和平理念,他们脱离了自己一直害怕失去的他人,却也把自己给完全失去了。

他们不再把自己看成是一个独立的人,自己的整个思想开始混乱,自己的整个人格已经支离破碎,自己已经没有一个中心点。他们自己不是,别人不是,他们所一直期待的和平也不是,他们此时此刻,从严格意义上,已经不能称为是一个真正的人。

他们不再依靠他人的命令,和他人融合,生活依靠的是虚假的人格碎片,一些现实中找不到的思维碎片,他们依靠虚空的东西去活一会儿认同一个碎片,一会儿认同另一个碎片,这些碎片尽管并不是他们自己,但是他们把这些碎片当作自己,他们此时此刻是可悲的,也是危险的,他们时时刻刻可能伤害他人,也把自己深深戕害。

他们似乎达到了自由,因为他们不再依靠依附于他人,也不再执着于和平,过去束缚他们的东西解开了,但是自己的思想毁掉了,这一切又有什么意义。他们只是成为自暴自弃的幽灵,在人世间来回飘荡罢了。

PART 03
与9号有效地交流

9号的沟通模式：追求和谐的交流

9号在沟通的过程中，他们的关注点是为了追求和谐，希望通过沟通，周围世界的和谐局面能够保持，自己的内心也能不被打扰，他们在沟通中，时时刻刻以这一点为目标，因此其也成为他们沟通的重要模式。

他们谈话的时候，时刻从对方的角度去着想，不敢表现自我。他们认为一旦表现自我，那么可能对别人造成威胁。他们非常具有同理心，不会想让别人难堪，也不想让他人不自在，他们的平和态度，常常可以让那些亲近他们的人很放松，感觉不到任何压力，也能够尽力地表现真实的自我，这也是9号之所以受人欢迎的重要原因。

但是，从另一个方面来说，他们不表露自我，也常常让自己不为他人所知，他们就常常成为被忽略的角色。他们就坐在安静的角落里，大家谁也注意不到他们，因为大家知道，无论如何，他们都无所谓，问了也是白问。这样的沟通模式常常会让9号失去表达自我、展现自我的机会。他们没有了强大的自我，那么人生就会显得平淡，生命也会因此缺乏激情和创造力。

但是，9号的沉默，并不代表他们的内心没有判断，他们的内心可能有很多的情绪，他们的内心极不平静，他们希望别人能够真正了解他们，即使他们不说。于是，会出现一些情况，那就是9号说自己没有意见，但是在以后的日子里，你却发现他们从来不积极地去做某件事，这个时候，应该注意的是，对他们的默许不可太当真，他们默许可能只是为了追求和谐，他们的内心可能有很多的意见，只是没有说出来。

所以，和9号进行交流的时候，一定要注意到他们的特点，要懂得鼓励他们表达自己的观点，要有耐心地引导他们说出自己的想法，因为他们说出自己的想法，是很困难的一件事，但是，一旦他们开始说，你会发现，他们会说出很多你不知道的东西。

另外，在你和9号进行沟通时，对他们进行适当的赞美，以及表示对他们的认同，常常能让他们感到自己被重视，这样的环境对他们表达内心的想法也是有利的。因为他们追求和谐的沟通，当他们感觉外界的和谐时，他们的内心会很安全，这个时候，他们知道，自己的意见不会影响和谐，他们就可以大胆表达自己的想法了。

观察9号的谈话方式

9号具有追求和平的本质，他们的谈话方式也以这一世界观为指导，会采取一些相对应的谈话方式。他们的谈话策略适合他的世界观，他们认为，只有自己退缩，才能换来和平，所以他们的谈话方式也具有克己礼人的风格。

下面，对他们的谈话方式进行简单的说明：

★他们谈话方式总体特点为不具有进攻性，甚至有一点退缩的感觉。

★他们的眼光很柔和，看不到锐利的光芒，眼睛是心灵的窗户，他们要表示自己的友好态度。

★他们经常会不断肯定对方的观点，你和他说话的时候，他们会"嗯，嗯，嗯"地不断附和你，表示自己的赞同。他们也会对你说的话不断给出正面评价，"你说的话太对了"，"是这样的"，或者不断重复你的观点，像一个跟屁虫一样的感觉。

★他们谈话时节奏慢腾腾的，语气常常不坚定，常常在询问，他们很少下肯定的判断，认为自己不能把事情说死，不能把自己的意见固定化，自己的意见应该是可以不断变化的，这样的话，自己就不会威胁他人，而且也表示，自己愿意随时调整，愿意跟对方进行合作，希望让对方满意。

总之，他们的谈话方式总体而言，就像一团棉花，放到你的身边，让你觉得软绵绵的，感觉不到压力，而如果你打过去，也感觉软绵绵的，似乎也找不到着力点，他们不会让你找到棱角，因为他们常常自己已经把棱角磨去了。

读懂9号的身体语言

当人们和9号性格者交往时，只要细心观察，就会发现9号性格者具有以下一些身体信号：

★9号常常保持面容的和善，一副菩萨面相，不过男9号常常显得木然，女9号常常笑得较甜，但他们常常似乎只有淡淡的微笑，很少大声地笑。

★他们保持平和的面容,很少大喜,也很少大怒,他们害怕自己的快乐引起他人的不安,也害怕自己的大怒引起他人的骚动。碰到很热烈的事情,他们看起来也相当平静,即使是很生气,他们的面容也只是稍微阴沉,不会看起来凶神恶煞的样子。

★他们看起来懒洋洋的,如果能够慢走,绝对不会选择快跑,如果能够站着,他们绝对不会走,如果能坐,他们绝不会站,如果能躺,他们也不会坐,他们的身体是柔软无力的,经常是东倒西歪的。

他们这样的身体语言,反映出9号内心追求和平的愿望,通过他们的身体语言,我们可以感觉到他们内心的小心谨慎,他们试图用这样的姿态去赢取和平,他们的内心从外在就能够一览无遗了。

当一个人真正了解了九型人格,他就脱离了九型人格的分类,不会以人格来定位自己,而以本体或真实的自我来定位自己。

九型人格

本书以浅显易懂的语言,描述了九型人格这种准确、科学、实用、系统的识人、读人之术,详细分析了九型人格的基本原理,深入研究了九型人格运用的心理基础,详细解析了各类型人格的性格特征、发展层级、互动关系。

九型人格

出 版 人 | 刘凤珍　　封面设计 | 李艾红
策 划 人 | 侯海博　　文字编辑 | 申艳芝
责任编辑 | 安　可　　美术编辑 | 郭　静

九型人格理论是一本识人秘籍,让你能够真正认知自己的性格,接受真实的自我,做到自我调整与转型;轻松辨识对方的性格类型,在纷繁复杂的社会交往中一切了然于心,让一切尽在你的掌握中。